端部放矿废石移动规律及控制技术

邵安林 著

北 京
冶 金 工 业 出 版 社
2013

内 容 简 介

本书是在综合作者长期对放矿理论、实验以及现场工业试验研究成果的基础上，以降低端部放矿损失贫化大的问题为主线，对端部放矿问题进行专门和系统的研究后写成的，内容包括绪论、矿岩移动规律、端部放矿损失贫化、降低损失贫化关键控制点的研究、钢混结构人工假顶在端部放矿中的应用、挑檐式结构的无底柱阶段崩落采矿法等。

本书适合采矿行业的工程技术人员及大专院校采矿专业师生阅读参考。

图书在版编目（CIP）数据

端部放矿废石移动规律及控制技术/邵安林著.
—北京：冶金工业出版社，2013.7
ISBN 978-7-5024-6241-3

Ⅰ.①端…　Ⅱ.①邵…　Ⅲ.①金属矿开采—无底柱分段崩落法　Ⅳ.①TD853.36

中国版本图书馆 CIP 数据核字(2013)第 056882 号

出 版 人　谭学余
地　　址　北京北河沿大街嵩祝院北巷 39 号，邮编 100009
电　　话　(010)64027926　电子信箱　yjcbs@cnmip.com.cn
责任编辑　宋　良　王雪涛　美术编辑　李　新　版式设计　孙跃红
责任校对　郑　娟　责任印制　张祺鑫
ISBN 978-7-5024-6241-3
冶金工业出版社出版发行；各地新华书店经销；北京百善印刷厂印刷
2013 年 7 月第 1 版，2013 年 7 月第 1 次印刷
148mm×210mm；3.75 印张；128 千字；110 页
15.00 元

冶金工业出版社投稿电话：(010)64027932　投稿信箱：tougao@cnmip.com.cn
冶金工业出版社发行部　电话：(010)64044283　传真：(010)64027893
冶金书店　地址：北京东四西大街 46 号(100010)　电话：(010)65289081(兼传真)
(本书如有印装质量问题，本社发行部负责退换)

前　言

　　随着我国人口的持续增长以及国民经济的高速发展，矿产资源的需求量也急剧增长，因此需要加速采矿工业的发展，进一步研究高效采矿方法，降低矿石损失贫化和提高矿山经济效益。

　　大量放矿的端部放矿崩落采矿法具有结构和工艺简单、开采强度大、效率高、机械化程度高、安全、采矿成本相对较低等优点，在世界上得到广泛的应用，但是损失贫化大是其突出问题。许多专家在矿石放出体的流动性、采场结构参数和放矿管理方面做了大量研究，也取得大量成果，在不同程度上改善了损失贫化指标。然而端部放矿废石混入情况非常复杂，矿石是在废石包裹下放出的，有顶部、正面、侧面等多方面的废石混入，矿石损失贫化问题一直没有得到很好地解决。

　　损失贫化大的主要原因是由于放矿过程中废石的混入，如果不控制和阻止废石的流动，仅仅研究矿石怎么放出，考虑问题是不全面的，矿石损失贫化大的问题也不可能得到很好地解决。因此，研究废石如何混入，延缓和阻止废石漏斗的发育，是解决损失贫化问题的根本途径，然而，国内外缺乏对废石如何流动，如何控制的深入研究。

　　作者长期从事无底柱分段崩落法的研究，从控制废石流动方面着手，系统研究了端部放矿废石漏斗形成的机理，查明了废石漏斗是由顶部、两侧和正面 4 个小漏斗逐步汇集而成的，找出了端部放矿废石漏斗控制的控制点，提出了人工假顶和挑檐结构两种方案，并经过大量实验室实验和现场工业试验的验证，得出了一些相当有价值的结论，希望有助于放矿理论研究和提高矿山经济效益。

本书是在综合作者长期对放矿理论、实验以及现场工业试验研究成果的基础上，以降低端部放矿损失贫化大的问题为主线，对端部放矿问题进行了专门和系统的研究后写成的。端部放矿是个复杂的大系统，作者的研究成果相对于整个系统来说，是粗浅的和微不足道的，唯希望能给放矿研究提供一些新的思路。

由于作者水平有限，书中难免有不妥之处，真诚希望读者予以批评指正。

邵安林

2013 年 3 月

目　　录

0　绪论 ························· 1

0.1　崩落采矿法现状 ··············· 2

　0.1.1　分段崩落法 ··············· 2

　0.1.2　阶段崩落法 ··············· 5

0.2　放矿理论的研究现状 ··········· 6

　0.2.1　放矿研究方法 ············· 7

　0.2.2　放矿理论 ················ 10

0.3　问题的提出 ················· 12

　0.3.1　端部放矿最大的问题——损失贫化大 ····· 12

　0.3.2　覆盖岩下端部放矿的特点 ······ 13

　0.3.3　研究的关键问题 ··········· 14

1　矿岩移动规律 ··············· 15

1.1　覆盖岩层下的矿岩移动规律 ······ 15

　1.1.1　无限边界条件下的放矿 ······· 16

　1.1.2　有限边界条件下的放矿 ······· 17

1.2　椭球体的偏心率 ·············· 20

1.3　散体流动性 ················· 22

　1.3.1　岩性 ··················· 22

　1.3.2　散体块度 ················ 24

　1.3.3　黏结性 ················· 27

1.4 覆岩下放矿时岩石颗粒的分布规律 …………………… 28

2 端部放矿损失贫化 ……………………………………… 30

2.1 损失贫化的过程分析 …………………………………… 30
2.1.1 贫化过程 ………………………………………… 31
2.1.2 损失形式 ………………………………………… 32
2.2 覆岩下放矿损失贫化的影响因素 …………………… 34
2.2.1 覆盖层厚度的影响 …………………………… 34
2.2.2 结构参数的影响 ……………………………… 41
2.2.3 铲取深度的影响 ……………………………… 50
2.2.4 放矿管理的影响 ……………………………… 52

3 降低损失贫化关键控制点的研究 ……………………… 57

3.1 废石漏斗形成过程的研究 …………………………… 58
3.1.1 废石漏斗形成过程实验 ……………………… 59
3.1.2 放矿过程中侧面漏斗的形成 ………………… 60
3.1.3 废石漏斗的形成机理 ………………………… 61
3.1.4 结构参数优化新思路 ………………………… 67
3.2 损失贫化的关键控制点及控制方法 ………………… 68
3.2.1 顶部废石的控制 ……………………………… 68
3.2.2 侧部废石的控制 ……………………………… 69

4 钢混结构人工假顶在端部放矿中的应用 …………… 71

4.1 钢混结构人工假顶的实施方法 ……………………… 72
4.1.1 无底柱分段崩落法使用钢混结构
人工假顶方法 ……………………………… 72
4.1.2 有底柱分段崩落法使用钢混结构

人工假顶方法 ································· 73

4.1.3　钢混结构人工假顶的效果分析 ············· 74

4.2　实验室相似性模拟实验 ················· 75

4.2.1　传统放矿模拟实验 ················ 76

4.2.2　人工假顶方案模拟实验 ············· 79

4.2.3　试验过程及结果分析 ············· 81

4.3　工业试验 ························· 83

4.3.1　钢混结构人工假顶的施工 ············· 84

4.3.2　试验标定 ····················· 86

5　挑檐式结构的无底柱阶段崩落采矿法 ············· 92

5.1　挑檐式结构的实施方法 ··············· 92

5.2　实验室模拟实验 ··················· 96

5.3　工业试验 ······················· 101

6　结束语 ···························· 105

参考文献 ····························· 107

0 绪 论

矿产资源的开发利用是我国经济发展的重要支柱。然而，我国矿产资源的一个显著特点是贫矿多，富矿少。目前矿产资源供需总量失衡，后备资源储量增长速度跟不上消耗速度，对社会经济发展的支持力度呈下降趋势。因此需要加速采矿工业的发展，进一步研究高效采矿方法，降低矿石损失贫化和提高矿山经济效益[1]。

科技在发展，地下采矿技术也在发展。很多采矿新技术、新工艺在地下矿山得到了应用，采场生产能力和劳动生产率有了较大的提高，具体表现在采用各种采矿方法的比重、回采工艺和技术装备有了很大的变化。空场采矿法、充填采矿法、崩落采矿法发展较快，空场采矿法中的 VCR 法和阶段深孔台阶崩落采矿法首先在我国试验成功，并在国内多家大型矿山得到推广应用；充填采矿法先后采用干式、分级尾砂胶结、全尾砂胶结、碎石水泥浆胶结等新工艺与新技术，并成功地试验了一批具有世界先进技术水平的充填采矿工艺，如高水全尾砂速凝固化胶结充填新工艺、高浓度全尾砂自流输送及泵压输送充填新工艺、粗粒级水砂充填新工艺、膏体泵送充填工艺等；崩落采矿法的发展以无底柱分段崩落法和自然崩落法的研究与推广为特点也取得巨大发展。深部采矿技术、溶浸采矿技术、机械化连续采矿技术等先进技术的研究成果显著[2]。总之，金属地下矿山采矿工艺和设备的发展主要沿着高效率、高回采率、机械化和半自动化的方向发展。

21 世纪是一个充满挑战和想象力的世纪。随着时间的推移，各种类型的采矿方法都有可能遭遇全面的变革。在人类对环境、卫生和安全的追求下，通过发展新概念、新原理和新技术，采矿业将更需要我们的创造力来伴随人类的文明向前发展。

0.1 崩落采矿法现状

崩落采矿法是用崩落围岩充填采空区来控制和管理地压的采矿方法，尤其是大量放矿的端部放矿崩落法，由于具有结构和工艺简单、开采强度大、效率高、机械化程度高、安全、采矿成本相对较低等优点，在世界范围内得到广泛的应用。目前，国际上使用崩落法开采的矿山约占 25%，在我国地下矿山占有很大的比重，我国黑色金属矿山地下采矿中用崩落法采出的矿量高达 85% 以上，有色金属矿山用崩落法采出矿石总量的比重也在逐年增长，几乎达到 40% 左右。随着露天开采转为地下开采，崩落采矿法还有扩大的趋势。

然而，崩落采矿法是在覆盖岩下进行放矿，普遍存在损失贫化大的问题，因此，研究端部放矿崩落采矿法崩落矿岩的流动特性及其放矿规律、优选结构参数、实施有效的放矿控制，综合降低崩落法开采中的损失贫化，提高资源利用率，对促进我国采矿业持续、稳定和高效发展具有重要的意义[3]。

端部放矿崩落法主要有分段崩落法、阶段崩落法两类。

0.1.1 分段崩落法

分段崩落法将矿体划分为若干阶段，再将阶段用回采进路划分为若干分段，按矿石流动规律，上下分段回采进路在空间上呈菱形交错布置，从回采进路一端开始，在回采进路进行覆盖岩下的爆破、放矿等回采工作，每次回采一个崩矿步距，直到采完整个进路为止，再进行下分段的回采。

为了给挤压爆破和放矿创造条件，回采分段上部应保持大于 1.5~2.0 个分段高度的覆盖岩层。

根据出矿方式的有、无底部结构，分段崩落法分为有底柱分段崩落法和无底柱分段崩落法。

0.1.1.1 有底柱分段崩落法

有底柱分段崩落法主要特点是底部设有放矿用的底部结构，回采进路由落矿用的凿岩巷道和设有放矿、受矿及运搬矿石的底部结构组成，出矿多采用简单耐用的电耙。电耙出矿底部结构有漏斗式、堑沟式和平底式三种。底部结构中布置有受矿巷道和电耙巷道。

按矿石流动规律，上下分段进路在空间上呈菱形交错布置。在凿岩巷道和受矿巷道采用预先集中凿岩方式布置扇形中深孔，凿岩巷道和受矿巷道扇形中深孔同时爆破，同时完成底部结构的形成与矿石的崩落。崩落矿石在覆盖岩石的直接接触下，借助矿石的自重，经底部结构放出，如图 0 - 1 所示。

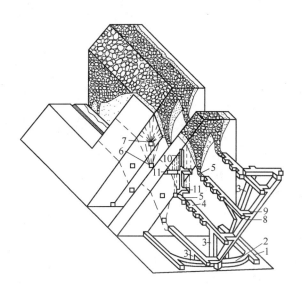

图 0 - 1 垂直深孔落矿有底柱分段崩落法

1—阶段沿脉运输巷道；2—阶段穿脉运输巷道；3—矿石溜井；
4—耙矿巷道；5—斗颈；6—堑沟巷道；7—凿岩巷道；
8—行人通风天井；9—联络道；10—切割井；11—切割横巷

经过多年的生产实践，有底柱分段崩落法具有多种回采方案，可以用于开采各种不同条件的矿体，使用灵活，适应范围广，在有色金属矿山采矿方法中占有相当重要的地位。

0.1.1.2 无底柱分段崩落法

无底柱分段崩落法分段下部不设出矿的底部结构，不留任何矿柱，只有回采巷道，分段的凿岩、崩矿和出矿等工作均在回采巷道中进行，安全可靠。按照矿石流动规律，上下分段回采巷道在空间上呈菱形交错布置，如图 0-2 所示。

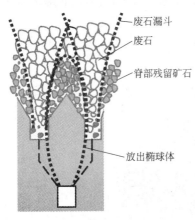 

(a) 回采巷道布置必须符合放矿椭球体理论　　(b) 菱形布置

图 0-2　回采巷道菱形布置

分段的凿岩一般采用集中凿岩的方式在回采巷道布置扇形中深孔，从回采巷道一端开始在覆盖岩层下每次以较小的崩矿步距进行崩矿、放矿工作，直到回采到另一端边界为止，再开始回采下一分段。

自 20 世纪 60 年代中期，无底柱分段崩落法首次从瑞典引入我国，先后在大庙、镜铁山、符山、梅山等矿山试验成功后，在冶金矿山得到迅速推广。该法除了具有工艺结构简单、强度大、效率高、成本低等优点外，由于一次回采步距小，可剔除夹石，实现分采分运不同品级矿石，在冶金矿山特别是铁矿山地下开采中，该采矿法占绝对优势。

无底柱分段崩落法典型方案如图 0 - 3 所示。

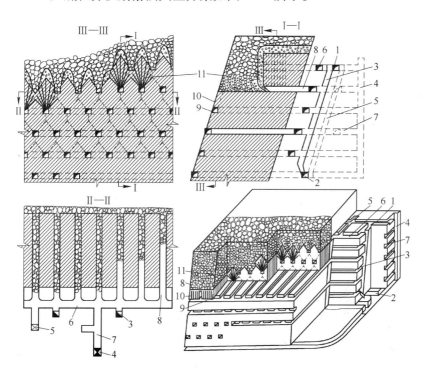

图 0 - 3　无底柱分段崩落法典型方案

1，2—上、下阶段沿脉运输巷道；3—矿石溜井；4—设备井；

5—通风行人天井；6—分段运输平巷；7—设备井联络道；

8—回采巷道；9—分段切割平巷；10—切割天井；11—上向扇形炮孔

0.1.2　阶段崩落法

阶段崩落法的最大特点是回采高度等于阶段全高，在实际应用中，方案比较多。目前国内外没有无底柱阶段崩落法的方案，只有有底柱阶段崩落法方案，其中端部出矿的有底柱阶段崩落法有一定的优势。它是在端部进行回采，一次回采阶段全高，在阶段底部布置底部结构进行出矿，矿块生产能力大，劳动生产率高，主要在有色金属矿山使用。

　　根据阶段内落矿方法，阶段崩落采矿法分为自然崩落和强制崩落两种方法。阶段强制崩落法又分为设有补偿空间的阶段强制崩落法和连续回采阶段强制崩落法，端部出矿、连续回采的有底柱阶段强制崩落法典型方案如图 0－4 所示。

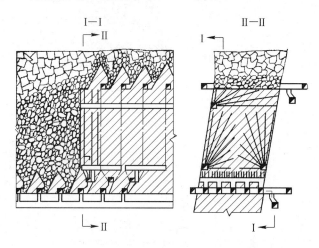

图 0－4　连续回采的有底柱阶段强制崩落法

0.2　放矿理论的研究现状[1]

　　端部放矿崩落采矿法研究的核心在于放矿研究。放矿研究始于 20 世纪 30 年代的苏联，对崩落矿岩在采场中放出过程的移动进行了大量的观察和室内试验研究。50 年代，苏联学者马拉霍夫在放矿研究中取得了突破性进展，首先提出了椭球体放矿理论，并提出一整套确定采场合理结构参数和预测矿石损失贫化的方法。

　　60 年代，国内外相继出现了许多放矿实验研究的成果，如以松散矿岩流向漏斗口的流动面与水平面所夹的放矿角作为放矿分析和指标计算基础的放矿角理论、以流动带的曲线方程为依据所形成的放矿漏斗理论、端部放矿以扁椭球缺为依据的三轴椭球缺理论等等，而更多的是在放出体和松动体的形态、参数及其影响因素等方面作了大量的试验研究工作。在此期间，还开展了振动放矿理论及应用的研究，提出了菱形放矿和连续放矿，并开始把随机理论应用于放矿研究。

70 年代，科研工作者除继续完善已提出的理论、简化繁难的放矿计算、探讨放矿模拟的相似原理之外，还以松散介质力学为基础做了大量放矿研究工作，并探讨利用散体力学研究崩落矿岩流动规律、放出体形成原理和散体流动带内的应力状态，同时，进行了以随机理论为依据研究松散矿岩流动规律，以及利用计算机进行随机模拟和数值模拟的放矿研究。为了更有效地控制生产放矿并及时掌握矿石品位的变化，快速品位分析仪得到了迅速发展。振动出矿技术也开始在我国应用和推广。

80 年代，除了继续完善放矿椭球体理论和推广应用外，计算机随机模拟与数值模拟得到了更大的发展，开始应用离散单元法进行放矿研究，同时对放矿管理和放矿质量监控方法进行了一些研究。

进入 90 年代以来，计算机随机模拟放矿研究得到长足的发展。

目前放矿理论的研究大多采用室内模拟的方法，但问题在于只能保证模拟散体移动与实际散体移动在几何上相似，采场内部结构及崩落矿岩块度、湿度等都难以相似，因此室内模拟实验所得的相应参数与现场崩落矿岩散体的流动参数并不相同，属于定性研究，而不是定量研究。其结果只能作为宏观上的解释和生产指导，还存在许多难题有待人们去探索和解决。

0.2.1 放矿研究方法

放矿研究方法有物理模拟研究法、现场试验研究法和数学模拟研究法三种[1,4]。

0.2.1.1　物理模拟试验法

物理模拟试验方法就是采用物理模型来模拟现场放矿过程，从而发现放矿过程的矿岩移动规律以及矿石损失贫化发生的规律，找出降低贫损的关键，用来优化采场结构参数、放矿方案与放矿制度等等。

放矿物理模拟的一个关键问题就是相似问题，要想把模拟实验所得到的规律、数据推广到实际采场放矿中去，或使实际放矿规律能在模拟试验中再现和预演，就必须做到与实际的放矿规律相似。

模型除了做到采场结构和放矿模拟系统的几何相似外，还应该选配与现场崩落矿岩组成和尺寸几何相似、力学性质大体相似的矿岩颗粒进行模拟试验，尽量提高模型与现场相似度。

这种方法虽然费时、费工，也有一定的局限性，但是它可以使采场放矿再现、预演、预报和验证，至少可以直接观察和人为控制放矿实验过程，并取得具有代表性的数据，表达出放矿过程的主要特征，目前的放矿理论都是从模型试验中得来的。鉴于目前采场测量手段的缺乏，该法是主要的研究方法，也是其他研究方法的基础。因此，这种方法从20世纪30年代初到今天，一直是既直接又可靠的研究手段，得到了广泛的应用。

0.2.1.2　现场试验研究法

由于现场受地质、水文、地压、爆破和矿岩性质等条件的影响，放矿条件非常复杂，有必要进行生产实际的放矿参数、回贫指标的测定。现场试验方法实际是最直接的研究方法，是1:1的试验，更能反映矿山生产的实际情况，可以取得放矿研究所需要的原始数据，并验证其他方法如物理模拟实验和数学模拟试验的结果，可更真实地研究实际矿山生产中的放矿规律和损失贫化指标等。

为了测定实际矿山放出体的形态，20世纪70年代初期瑞典Jan id在Kinuna铁矿进行了试验。他选择具有代表性的矿块，在炮孔排间钻凿标志颗粒孔，装入标志颗粒，爆破后，在出矿过程中依次从爆堆上回收标志颗粒，根据各标志颗粒回收的先后，推算出颗粒在崩落矿石中所处的位置，圈定放出体，寻求崩落矿岩的流动特性。北京钢铁学院20世纪70年代中期在程潮铁矿也进行了类似试验。但是，这种方法虽然取得一定成果，由于标志颗粒大小与崩落矿岩块度相差大，标志颗粒在爆破过程中的移动以及在回收过程中随矿岩移动时具有穿透性，导致移动的不确定，推算结果不能真实反映放出体的实际位置及形态，结果可信度并不高，意义不大。

受现有检测实验仪器和手段的限制，崩落矿岩散体流动参数的现场测定还是个难题，另外，现场试验不仅耗费人力、物力，还影响正常生产。

0.2.1.3 数学模拟法

在经过对物理模拟法和现场试验法研究得出的矿岩运动规律基础上，采用现代先进理论和技术手段进行数学模拟，使放矿研究向理论化又迈出一步。然而，由于放矿过程具有很大的不确定性，数学模拟法用于放矿研究，还处于探索和不断完善阶段，要真正应用于实际放矿生产管理之中，还有很大差距。因此，该手段仅可以作为物理模拟的补充方法[4,5]。

目前，数学模拟法有以下几种[4]：

（1）数学分析法。根据试验得到的放矿规律，再对放矿条件进行一定的抽象假设，建立数学模型，并按此模型推测其他有关参数。数学分析法简单易行，工作量小，但由于建立模型时做了标准化假设，甚至做了许多简化假设，很多实际参数未列入考虑范畴，因此得出的结果与实际相差可能很大，其可信度难以评价。

（2）计算机数值模拟法。这种方法是在数学分析法所建立的模型基础上，利用计算机及相关算法，模拟放矿过程，计算各项参数，并预测放矿效果，指导生产。

离散单元法的出现为放矿动力学研究提供了新手段。离散单元法是由分析离散体岩块之间的接触入手，找出其接触的本构关系，建立接触的物理力学模型，并由牛顿第二定律建立力、加速度、速度和位移之间的关系，对放矿过程进行模拟。但该方法存在许多假设，尚不能真实反映离散矿岩块之间的力学作用关系。

计算机随机模拟法把松散矿岩的放出过程看作是一种随机过程，按照特定的概率分布，建立随机移动方程，一步一步地再现放矿系统的放出过程，以达到多方案比较、优选放矿控制方案和预测放矿贫损指标的研究目的。该方法最大的难点在于根据放矿时崩落矿岩的流动规律，构造一个适于计算机运行的散体流动模型。

采场崩落矿石、放矿条件等较为复杂，由于方法的数学模型尚不能真实地反映松散矿岩块之间的结构及力学作用关系，模型中的一些物理力学参数与实际矿岩的相应参数还无法结合起来，以及二维块体单元始终不能模拟三维空间的矿岩块体单元之间的运动关系和力学作用关系，用数值模拟的方法确定采场参数也存在很大的不确定性[5]。

0.2.2　放矿理论

崩落法放矿理论就是研究覆盖岩下放矿的崩落矿岩移动规律，并揭示矿石损失贫化过程，以便优化崩落采矿方案，确定合理结构参数和改进放矿管理，最终达到降低矿石损失贫化和提高经济效益的目的。

由于崩落矿岩散体是由形状各异的固体颗粒（块体）、液相、气相结合而成的聚合体，散体形态介于固体和液体之间，超出了经典物理对物态的传统划分，固体力学理论和流体力学理论只能部分适用于散体。放矿理论无法表达散体的复杂结构及其特性，更难从力学机理上科学地解释放矿中出现的各种现象，不能完全表现放矿生产中的实际情况。

目前,放矿理论进入实用阶段的有连续介质放矿理论和随机介质放矿理论,都是从宏观统计意义上描述矿岩散体的普遍移动规律,研究崩落矿岩流动的几何形态变化和放矿运动特征的规律,尚有许多放矿上的问题有待进一步研究。

0.2.2.1 随机介质放矿理论

应用随机介质理论研究散体移动始于 20 世纪 60 年代,波兰学者 J. Litwiniszyn 将散体抽象为随机移动的连续介质,并建立了移动漏斗深度函数的微分方程,对地表移动与崩落法放矿研究产生了深远的影响。

散体移动的球体递补模型,基于两相邻球体递补其下部空位的等可能性建立了球体移动概率场,推导了散体移动速度场、移动漏斗、放出体方程、颗粒移动迹线和坐标变换方程。根据散体移动系数预测放出体长、短轴,为崩落法采场结构参数的设计提供了理论依据。

随机介质放矿理论采用数理统计的观点,运用概率论方法研究散体移动规律。关于散体颗粒的随机移动观点比较符合实际,在解决边界条件下的放矿问题时优于椭球体放矿理论,但理论体系本身尚不完善。

0.2.2.2 连续介质放矿理论

连续介质放矿理论以放出椭球理论最为完善。1952 年苏联学者马拉霍夫发表"崩落矿块的放矿",从单漏斗放矿实验中证实了在单漏斗放矿中,只有在一定范围内的矿石才被放出,这部分矿石原在采场内所占空间的几何形状(即放出体形状)是一个旋转椭球体,并假设放出体、移动体和松动体的形状都是椭球体,根据这一基本假设推导出一系列表达散体移动规律的方程式,继而建立了时间最早、研究较多、影响较大的椭球体放矿理论[6,7]。

椭球体放矿理论能说明和解释一些生产放矿中的实际问题。国内外学者长期开展对覆岩下矿石流动规律的研究，均认为放矿椭球体概念仍然是放矿理论的基础。椭球体放矿理论是采矿学中的一个贡献，已形成了较完善的理论体系，在指导放矿生产和研究中起到重要作用。

0.3　问题的提出

0.3.1　端部放矿最大的问题——损失贫化大

端部放矿崩落采矿法是在覆盖岩层下放矿，随采场回采工作的推进，崩落矿石在覆盖层废石的包围下从放矿口放出，很快形成废石漏斗，废石提前混入并放出，引起矿石的贫化。

目前国内外广泛采用截止品位放矿，当放出矿石品位低于截止品位，即停止放矿，未放出的残留矿石一部分在下分段以矿岩混杂的方式放出，另一部分则永久损失在地下。目前普遍认为放出椭球体在放矿过程中不断扩大，端部放矿时放出体的形状为半个前倾的偏椭球缺，如图 0-5 所示。由于每次崩矿步距小，矿

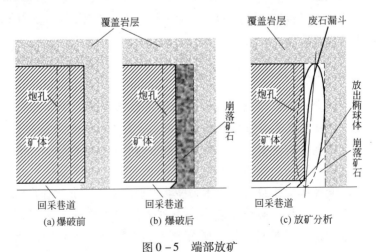

图 0-5　端部放矿

石接触面积大, 贫化与损失的机会多, 尤其是覆岩块度小及进路端部眉线破坏时, 贫损更大。实践表明, 端部放矿崩落采矿法一般贫化率为 20% ~ 25%, 高的达 42.9%, 回采率一般为55% ~70%。

0.3.2 覆盖岩下端部放矿的特点

覆盖岩下端部放矿有别于其他工程, 具有明显特点:

(1) 放矿对象的不确定性: 地下的赋存状况和围岩条件变化多端, 每个矿山条件各不相同, 如果设计不考虑这些因素, 则误差相当大。

(2) 放矿对象的复杂性: 实际矿山放矿对象属于非理想散体介质, 是一种块度非常不均匀, 孔隙度、含水性不同的特殊散体。当大块呈长条形时, 可能在放矿中横跨或竖跨在若干放出椭球体表面, 或者由于不合格大块多, 从而放矿时产生堵塞, 破坏了流动性。散体内部颗粒 (散体) 之间结构的赋存状况以及在放矿过程中这种结构的扩展、变化及再生过程是杂乱无章、随机无序的。矿岩块体的流动是相当复杂的, 运动过程也非常复杂。

(3) 放矿过程的不可视性: 覆盖岩下端部放矿, 工作面堆积着待放矿岩, 只在放出口可以看到放出矿岩的局部情况, 采场内部覆盖岩与崩落矿石的状态、性质都不可见。仅凭一个出口放出的散体分析整个流动散体的内部结构, 存在很大的不确定性。

(4) 放矿效果难以验证性: 由于放矿过程的不可视性, 加之目前实际崩落矿岩散体流动参数和放矿效果的检测手段缺乏, 因此, 目前放矿研究只能依赖模拟实验和理论分析, 分析结果与实际存在一定的差距[8]。

覆盖岩下端部放矿的这些特点决定了目前放矿研究只能是宏观研究, 是一种定性研究, 还做不到定量研究, 因此, 放矿研究的难度很大。

0.3.3 研究的关键问题

端部放矿废石混入情况非常复杂，放矿过程中，矿石是在废石包裹下放出的，有顶部、正面、侧面等多方面的废石混入，矿石损失贫化问题一直没有得到很好的解决，是困扰采矿界的一大难题。

覆盖层下放矿矿石损失贫化大的主要原因是由于覆盖层下的放矿方式及其相应的采场结构参数不适应崩落矿岩的移动规律[5,9]，这一点得到国内外专家的认可。由于矿岩直接接触是端部放矿的特点，难以改变，因此，国内外专家在采矿法结构、结构参数、工艺方法和放矿管理等方面进行了许多研究。国内外的改进方案有20多种，大多数的改进方案是调整无底柱分段崩落法的参数，少数方案是改变方案的传统结构[6]。这些研究在不同程度上改善了损失贫化指标，但并未取得突破性的进展，实践证明，这些研究收效并不明显[10,11]。

贫化是因为废石的混入，因此研究的对象更应该是废石，然而以往的研究偏重于矿石放出体形态、结构参数、放矿管理等的研究，对放矿过程中废石的流动及废石漏斗的形成及其控制等方面缺乏深入研究。

如果控制住废石，将从根本上解决损失贫化问题。

因此，研究的关键在于进一步研究矿岩移动规律、损失贫化形成机理，改进工艺，控制废石漏斗的形成，减少放矿过程中岩石混入，提高开采效率、降低矿石损失贫化，使该采矿法的应用范围进一步扩大。

1 矿岩移动规律

端部放矿方法在国内外应用广泛，但覆盖岩下放矿损失贫化大是其最大的问题。放矿过程中，矿岩流动直接影响到损失贫化，崩落矿岩散体流动性分析是覆盖岩层下放矿贫化研究的基础[12]，因此有必要研究覆盖岩下矿岩移动规律。

1.1 覆盖岩层下的矿岩移动规律

散体移动的过程，球体递补模型认为是散体颗粒借重力作用不断下移递补空位的过程[7]。

如图1-1所示，当铲运机出矿时，铲斗铲起的颗粒原来占据的位置便成了空位，其上的颗粒借重力作用下移递补，这些下移颗粒形成的新空位，又由再上层的颗粒下移递补，依此类推，空位从出矿口向上传递，其上颗粒接连递补，就形成了散体在空间的流动[13]。

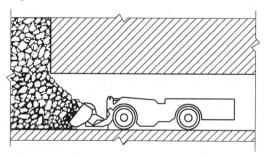

图1-1 出矿引起散体流动过程示意图

散体颗粒在递补空位过程中，小块受到的牵制较小，如果有空隙，就可能优先下移，使大块滞后运动。大量实验表明，当覆盖层废石的块度大于矿石的块度或矿岩块度相近时，废石在下移过程中，矿岩界线明显[14]；当废石块度小于矿石块度时，在近放矿口部位的废石漏斗边部，矿岩块体在下移过程中发生明显混杂，表明小块废石运动存在"钻空"现象。

椭球体放矿理论的研究避开了矿岩散体复杂的本构关系，将矿岩散体抽象为连续介质，在模拟实验的基础上，通过数据拟合、数学推导建立起相应的表达式，从宏观统计意义上描述了矿岩散体的普遍移动规律，这符合人们关心放矿控制稳态结果的基本要求。虽不够完善，存在局限性，但能够说明和解决一些生产实际问题，在生产实践中仍居主导地位，得到国内外专家广泛认可[15]。

端部放矿的约束边界条件不同，矿岩的移动规律也不相同。放矿的约束边界条件分为无限边界条件、半无限（直壁）边界条件（端部放矿）和复杂边界条件（倾斜壁）三种。

从理论上看，无限边界条件放矿研究和理论体系最为完整和系统，其他两种边界条件的研究都是建立在无限边界条件放矿基础上，其放矿规律的研究还很不完善[16]。

1.1.1 无限边界条件下的放矿

根据实验得出，无限边界条件下放出体形状类似一个截头的椭球体，也称放出椭球体。在放矿过程中放出椭球体是不断扩大的，如图1-2所示。

在放出过程中，放出孔上面的松散崩落矿岩也随之发生二次松散，二次松散体随矿石放出而扩大，其形状也类似截头椭球体，称为松动椭球体。同时，松散体内的矿岩接触面逐渐弯曲呈漏斗形，称为放出漏斗。放出椭球体、松动椭球体、废石漏斗三者同时存在，且相互影响。

设放出体高度为 H_f，大于 H_f 的水平层上放出漏斗称为移动漏斗，等于 H_f 的水平层上放出漏斗称为降落漏斗，小于 H_f 的水平层的放出漏斗称为破裂漏斗。

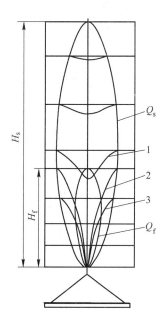

图 1 - 2 单孔放出时崩落矿岩的移动（过滤孔中心线剖面）

1—移动漏斗；2—降落漏斗；3—破裂漏斗；Q_f—放出椭球体；Q_s—松动椭球体

如图 1 - 3 所示，假设矿岩接触面原来为一水平面，当放出体高度小于矿石层高度时，放出的矿石为纯矿石，最大纯矿石量等于矿石层高度的放出体体积。当放出体高度大于矿石层高度时，岩石开始混入，混入岩石数量等于进入岩石中的椭球冠体积（Q_y）。

椭球体理论认为放出椭球体还具有以下特征：（1）位于放出椭球体表面上的颗粒同时从漏口放出；（2）放出椭球体下降过程中，其表面颗粒相应位置不变；（3）放出椭球体放出过程中，其表面颗粒不相互转移。如图 1 - 4 所示。

1.1.2 有限边界条件下的放矿

有限边界条件可以分为简单边界条件和复杂边界条件两种。

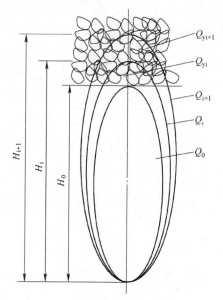

图 1-3 单孔放出时岩石混入过程

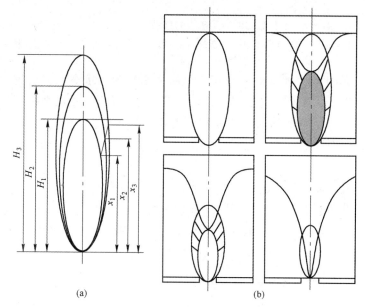

(a)   (b)

图 1-4 放出体的基本性质

这两种情况在端部放矿中一般都存在。

1.1.2.1 简单边界条件下放矿

简单边界条件下的放矿是指崩落矿岩在一种简单的垂直端壁面条件下被放出。根据国内外对端部放矿的放矿规律所做的大量物理模拟和现场生产试验，研究者大多认为，端部放矿的矿石放出运动规律仍近似于无限边界条件下放矿的椭球体，只是受端壁的影响，放出体是一个纵向不对称、横向对称，并且轴线发生偏斜的椭球体缺，如图1-5（a）所示。此椭球体缺的基本参数有：放出椭球体缺的长半轴 a、垂直进路方向的短半轴 b、沿进路方向的短半轴 c、轴偏角 θ、放出椭球体的偏心率 ε 值。放出椭球体的偏心率 ε 值是表征放出椭球体体形和体积大小的参数。

与无限边界条件下相似，简单约束条件下的放矿，在放矿过程中放出椭球体是不断扩大的，如图1-5（b）所示。

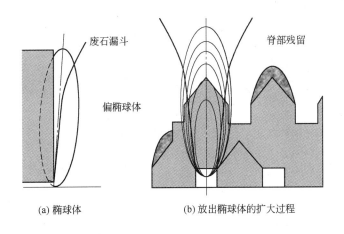

(a) 椭球体   (b) 放出椭球体的扩大过程

图1-5 简单边界条件下放矿时矿石放出体的形态

根据椭球体理论，简单边界条件下放矿的规律为：当放出体在矿石堆内放出时为纯矿石放出，与矿岩界面相切时放出体体积是最大纯矿石放出量。此后再继续放矿，放出体将继续扩大，一部分进入岩石，将出现贫化矿石。随着放出体扩大，进入其中的岩石量也随之增大，贫化也增大。

放矿过程中，矿岩界线不断凹陷，即废石漏斗。当废石漏斗下降到出矿口后，其里面的废石与外面的矿石同时从出矿口流出，废石混入矿石中，产生贫化。

1.1.2.2 复杂边界条件下的单孔放矿

复杂边界条件是指具有上下盘倾斜面的矿块条件。如图 1 - 6 所示，此时的放出体不再是椭球体或椭球缺。随放出体高度的不同，放出体的形状是各异的，迄今未能得出放出体表达式，也没有求得表述矿岩界面的移动方程[17]。

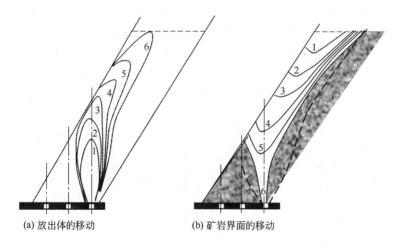

(a) 放出体的移动   (b) 矿岩界面的移动

图 1 - 6 复杂边界条件下的放出体

1.2 椭球体的偏心率

椭球体偏心率是椭球体两焦点间距离和长轴长度的比值，偏心率是放出椭球体的特征参数。若偏心率值趋于 0，放出椭球体接近于圆球，放出体体积最大，从进路放矿口中所放出的矿石量也最大；偏心率值趋于1，则短轴趋于0，椭球体接近于圆筒，放出体成管状。偏心率约为0.9时，椭球体扁瘦。实际上，放出椭球体偏心率值主要受放出层高度、进路宽度、矿石粒级和粉矿含量、矿石湿度、松散程度以及颗粒形状等多因素的影响。当矿石流动性差时，放出椭球体短轴增长很慢，长轴增长很快。椭球体会形成瘦长的管筒状，放矿时上部废石会随"管筒"中的矿石很快到达放矿口。此时若继续放矿，则只能放出上部废石，而"管筒"周围矿石则放不出来，造成大量矿石损失。

实验室测得的椭球体偏心率一般要小于生产中实际的偏心率值，其原因是因为实验矿石只考虑了块度相似，未考虑湿度和特大块矿石及边界条件的影响。

表1-1所示[10]为国内外偏心率统计值。大量的统计和计算得出：矿山偏心率一般为0.93~0.99，这时偏心率一个很小的

表1-1 国内外放矿椭球体偏心率统计值

资 料 来 源		偏 心 率	
		实验室	现场
中南工业大学：桃林铅锌矿		0.920	
丰山铜矿		0.930	
开阳磷矿		0.950	0.979
长沙矿山研究院：金山店铁矿		0.952	
昆明工学院：因民铜矿		0.963	
鞍钢矿山研究院：弓长岭铁矿		0.957	
鞍山黑色冶金矿山设计研究院		0.990	
北京科技大学		0.934	
加拿大：柯莱蒙特铜矿		0.950	
澳大利亚：昆士兰大学		0.950	
苏联	克里沃罗格铁矿	0.957	0.981
	巨人矿	0.960	0.989
	公社社员矿	0.958	0.982
	共产国际矿	0.966	0.987

变化，对长半轴影响敏感，而对短半轴影响不敏感。如放矿椭球体的偏心率增加 0.001，放矿椭球体的短半轴将减小 0.03，放矿椭球体体积减小 8m³。说明偏心率发生微小的变化，对放出椭球体的影响很大。

当然，实际中的偏心率是难以测定的[18]。

1.3 散体流动性

椭球体理论是从矿岩颗粒比较均匀，放出条件比较理想的情况下通过实验得出的，而采场实际崩落矿岩是一种非理想的散体介质，由于存在大块、粉末或散体存在黏结性，放矿过程中容易产生堵塞、"结拱"和"管状"等现象，破坏了流动性。另外，覆盖岩压力对矿石流动的影响，破坏了椭球体理论中关于椭球体表面颗粒"相关位置不变"及"表面颗粒不相互转移"的原则。

椭球体理论中关于"放出椭球体表面颗粒同时到达漏斗口放出"的性质，也只适合理想条件的接触性滚动移动的情况，而采场实际崩落矿岩移动时不但有朝着放矿口方向的刚体运动，同时还伴随着块体间的滑动、滚动和小块的渗透[3]，椭球体表面颗粒不可能同时从漏斗口放出。

因此，椭球体理论得出的公式，只是特定条件下得来的，不一定适合其他条件，甚至离实际很远。

矿岩块体的流动是相当复杂的，影响流动性因素很多。矿岩散体在物理性质上存在的差异，如岩性、块度、孔隙度和含水性等等，对流动性都有很大的影响，散体内部颗粒（散体）之间结构的赋存状况以及在放矿过程中这种结构的扩展、变化及再生过程是杂乱无章、随机无序的，导致了放矿的非确定性特征。

1.3.1 岩性

不同矿种，不同岩性，由于矿岩的构造、物理力学性质等不同，流动是不同的，放出体相差也很大。文献［53］对云锡三大矿种放矿性能进行了试验，其试验结果如表1-2~表1-4和图1-7所示。

表1-2 土状氧化矿实测数值

项 目	单位	数 值		
		土状氧化矿[①]	网状矿[②]	硫化矿
直观粒度		纯土状~粉末状	粉末状~细粒状	块状
f		2~3	2~6	10~12
体重	吨/米^3	1.58~1.98（干） 2.00~2.32（湿）	2.21~2.3	4.1~4.3
湿度	%	6.8~23.15	6.8	0.5~3.4
含泥率	%	17.7~35.3		
松散系数		1.43~1.63	1.5	1.63~2.21
自然安息角		35°20′~37°30′	34°~39°	36°20′~40°30′
块度不均匀系数		1.26	0.93	0.59
外摩擦角		25°35′~26°40′	27°30′~34°40′	

①土状氧化矿包括赤铁矿型，褐铁矿型和电气石脉型，赤铁矿型的氧化矿的含泥率最高可达50%。

②网状矿属高温温液后期气成矿床，是细脉状赋存于大理岩及白云质灰岩中，因此数据应视为含矿的大理岩、白云质灰岩的数值。

表1-3 网状矿实测数值

放矿层高 /m	放出体 偏心率	放出体长 半轴/m	放出体短 半轴/m	松散体 偏心率	松散体长 半轴/m	松散体短 半轴/m	放矿角	放矿静 止角
12.5	0.8977	5.360	2.362	0.9865	17.25	2.82	82°30′	75°21′
15	0.9187	6.601	2.607	0.9898	23.05	3.29	81°59′	74°30′
17.5	0.9312	7.834	2.855	0.9915	28.23	3.67	81°45′	73°47′

注：1. 模拟比为1:50；

2. 进路尺寸3m×3m。

表 1 - 4　硫化矿实测数值

放矿层高/m	放出体偏心率	放出体长半轴/m	放出体短半轴/m	松散体偏心率	松散体长半轴/m	松散体短半轴/m	放矿角	放矿静止角
10	0.9120	5.297	2.173	0.9614	15.68	8.63	68°30′	61°
15	0.9234	7.726	2.965	0.9654	23.36	12.19	70°30′	58°
20	0.9342	10.197	3.637	0.9636	26.66	14.26	72°	52°19′

注：1. 模拟比为 1:50；

　　2. 底部放矿口尺寸为 2m×2m；

　　3. 出矿口有振动放矿装置。

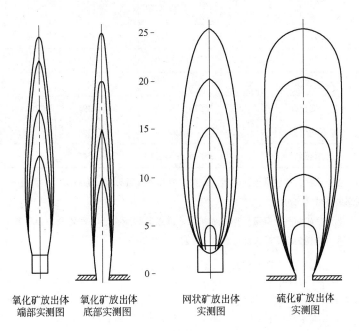

氧化矿放出体　　氧化矿放出体　　　网状矿放出体　　硫化矿放出体
端部实测图　　　底部实测图　　　　实测图　　　　　实测图

图 1 - 7　三大矿种放出体形状图

1.3.2　散体块度

崩落矿岩块度是影响矿岩流动性的重要因素之一。

均匀散体颗粒的形状及大小基本相同，颗粒间的空隙一般不会大于颗粒自身尺寸，在自重作用下运动时，一般不会发生颗粒穿越空隙运动，其运动特征可认为是接触性滚动移动，是向下递补的过程。图1-8中颗粒的移动只与其在运动场内的相对位置有关[19]。

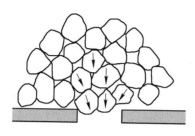

图1-8 接触性滚动移动

然而，端部放矿崩落法大多采用扇形布孔方式，由于炸药分配不均，常常是近放出口部分爆破效果较好，而孔底部分的矿石得不到有效破碎。另外，由于矿岩岩性不同，爆破崩落下来的松散矿岩是各种尺寸不同、形状各异的块体，一般块度较大，且分布极不均匀。矿岩在几何形状上也存在较大差异，有板状、四面体、针状和短棒体等等。矿岩块体之间存在空隙，空隙之间可能由石屑、砂和泥等充填，而且富含水分，因此，崩落矿岩散体是由形状各异的固相颗粒（块体）、液相结合而成的聚合体，属于非均匀散体。

非均匀散体在自重作用下颗粒的运动状况非常复杂，具有多种运动特征。非均匀散体颗粒间可以形成大小与形状各不相同的空隙，小颗粒可以穿越空隙运动，其运动特征是：随大颗粒一起运动；在大颗粒上或其间的自由滚动；或者在大空隙间的自由下落运动，如图1-9所示[19, 20]。显然，这些能穿越空隙运动的小颗粒，其平均运动速度大于大颗粒的运动速度。小颗粒能以较快速度穿越空隙的特点，使它们具有穿越不同散体之间的界面或同一种散体间不同层面的能力，即渗透性。这样，造成不同种类的散体或不同层面间散体的相互交叉或混杂。在放矿过程中，这就意味着矿岩混杂层的形成和矿石贫化的提前产生。

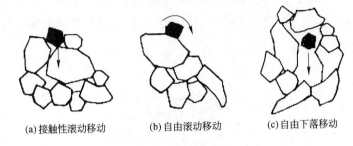

(a)接触性滚动移动　　　(b)自由滚动移动　　　(c)自由下落移动

图1-9　非均匀散体颗粒的运动特征

　　长期的生产实践和大量的放矿模型试验表明，作为非均匀散体介质的岩石颗粒，放矿时散体移动特点为：一是颗粒的移动速度与其在运动场内（或松散体内）的相对位置有关，即放矿口中轴线附近的颗粒具有较大的移动速度，且距放矿口愈近，移动速度愈大；同一水平面上距轴线愈远的颗粒，移动速度愈小；二是颗粒的移动速度与颗粒的大小（或块度）有关，相同条件下（指颗粒在运动场内具有相同或相近的位置）小颗粒的移动速度大于大颗粒的移动速度。文献［19］对不同块度放矿情况做了实验，实验结果如图1-10、图1-11所示。

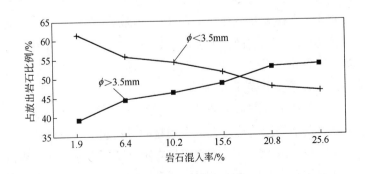

图1-10　不同贫化阶段放出岩石的块度组成情况

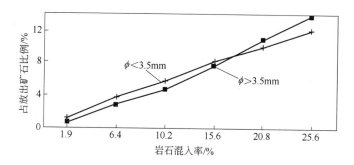

图 1-11 放出矿石中岩石大块与小块所占比例随岩石混入率变化情况

1.3.3 黏结性

当矿岩散体含水量较大或含粉矿较多造成黏结性较大时，放出体又细又长[21]。细粒物料与水分共同作用，影响散体流动性，随着水分的增加，散体抗剪强度是先下降而后上升，达到最大值后又呈下降趋势[22]。

地下开采，崩落矿岩含水，且粉矿含量大，会造成散体黏结性变大。细粒物料与水分的共同作用，使放矿过程中常会遇到结拱和管状流动现象。

结拱是指黏结性矿料在出矿口上方产生的拱状结构。如果形成的黏结拱稳定，矿岩则停止流动。结拱一般是暂时的，在放矿过程中随着颗粒不断流动，力不断释放和积累，结拱也不断地崩解，并从拱基处开始产生新的屈服剪切形成新的黏结拱[7]。从整个放矿过程来看，平衡拱的形成和破坏交替进行，拱形成时矿岩流动瞬间停止，拱破坏后矿岩继续流动，矿石的放出呈现脉动过程[12]。具有黏结性的矿岩流动中，这种不稳黏结拱的形成与破坏过程反复交替，使散体流动变得更加复杂[23]。

管状流动则是放矿时在出矿口上方形成管状矿料流动带，使储矿空间的有效容积大幅度降低，覆岩下放矿矿石的回采率会降至最低点。

因此，无论是结拱还是管状流动对放矿工作都是十分有害的，需认真对待[23]。

文献［24］分别取水含量为8.2%、9.5%、10.8%的矿石进行模拟实验。实验结果如下：当水含量为8%时，不需要破拱就能实现矿石的顺利放矿；当水含量为9.5%时，需要5次破拱防黏处理；当水含量为10.8%，则需要至少7次破拱防黏处理，且放矿后在底部四角仍有少量的矿石残余。

另有实验表明：当水含量增加到一定量时，则随着水含量的增加，矿石的流动性增加[24]。在雨季严重时，可能形成泥石流，成为安全生产的一大隐患。

1.4　覆岩下放矿时岩石颗粒的分布规律

矿岩颗粒由于块度不同及其所在空间位置不同，颗粒在移动过程中具有不同的运动速度，经过一定时间的放矿，崩落矿石与覆盖岩层岩石颗粒的分布将发生变化。

通常，离放矿口轴线近的矿岩移动快。小块及粉状岩石具有渗透性强、移动速度快的特点。放矿时松动范围内散体颗粒依块度不同逐渐分离，它们能迅速移动先到达出矿口被放出；随着放矿贫化程度的增加和小块岩石的不断放出，放出岩石中大块岩石的比例逐渐增加，而小块岩石的比例相对大块岩石来说逐渐降低，但是由于放出矿石中岩石量增加很快，小块岩石的总量还是以较快的速度增加，且这个增加强度大于放出总矿量增加的速度，因此，小块岩石在放出矿石中所占比例也是随岩石混入率的增加而增加[19]。当岩石混入率控制在15%～18%以内时，混入矿石中的岩石，仍以小块岩石为主。

图1-12为某试验截止放矿时留在漏斗中不同高度上散体颗粒的分布情况。其分布特征为：距放矿口较远的地方，大块度颗粒多而小块度颗粒少，而距放矿口近的地方，小块度颗粒比例大，大块度颗粒比例小，特别是放矿口附近，由于粉状颗粒的沉

积，小块度颗粒含量很高[25]。

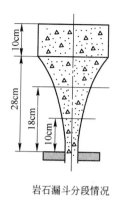

岩石漏斗分段情况

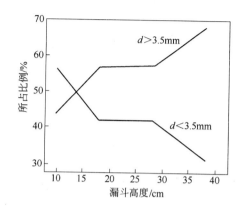

图 1-12 漏斗中不同层位散体颗粒分布情况

2 端部放矿损失贫化

崩落法放矿研究的最终目的是提高矿石的回采率、降低矿石的贫化率，尽可能多地利用矿产资源[4]。矿石的贫化对矿山、选厂的技术经济指标有着重大影响，是影响采矿效益的一个重要因素，矿山采、装、运、选等项成本与贫化的大小有着直接的关系。降低矿石贫化，不仅可以降低矿石成本，同时也降低精矿成本。

损失是指工业矿石数量的损失，而贫化是指工业矿石质量（品位）的损失，两者既有区别又有联系。一般认为，矿石损失与贫化之间关系是此起彼伏的，贫化大则损失小，贫化小则损失大。

采场贫化包括一次贫化和二次贫化。一次贫化主要由夹石和爆破引起，由于炮孔合格率在95%以上，一次贫化在1%左右，因此一次贫化较小，且难以控制。二次贫化是指放矿过程中废石混入造成的贫化，是放矿研究的主要内容。表 2-1[25] 为2004年冶金矿业协会统计的几座地下矿山的贫化率指标。

表 2-1 相关地下矿山主要指标

矿山	西直门	弓长岭	小官庄	金山店	程潮		
采矿法	无底柱	无底柱	无底柱	无底柱	无底柱	空场	充填
贫化率/%	20.82	18.23	32.24	25.21	30.76	5~10	5~10

2.1 损失贫化的过程分析

崩落法放矿损失贫化需要研究三个基本内容：（1）崩落矿岩移动过程和矿岩混杂过程；（2）矿石放出体（放出矿石前在矿岩堆体中所占有的空间形体）；（3）矿石残留体（未放出矿石在矿石堆体中残留的空间位置、形态和数量）。

覆盖岩下进行放矿，由于废石的混入，矿石品位下降，产生了贫化，停止放矿后留下的矿石与覆盖岩混杂，一部分可能在下分段以矿岩混杂形式放出，另一部分则永久留在采场作为永久损失。

崩落法放矿由于矿石与废石接触面多，且崩落矿石及覆盖岩石受端壁约束和爆破挤压程度的影响，放出体形态变化较大，损失贫化较难控制[26]。

2.1.1 贫化过程

根据散体流动规律，漏口下放矿，由于散体颗粒所处的位置不同，下移的速度也不同，离漏口的轴线越近，下移的速度越快，下移的距离越大。因此，覆盖岩下的端部放矿过程中，覆盖岩石随下面矿石的放出而不断下移，会形成废石漏斗。随着放出量的增加，废石漏斗最低点高度不断下降，当最低点已从漏口放出时，废石漏斗破裂，其对应的矿岩接触面的下降曲线是由一簇曲线（在空间上为一簇曲面）组成的，如图 2-1 所示[27]。

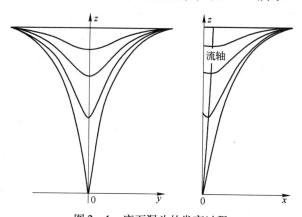

图 2-1 废石漏斗的发育过程

随着放出矿量的增大，废石漏斗口不断扩大，废石混入量不断增多，放出矿石的品位不断下降，直至达到截止品位不再放出。从废石漏斗抵达出矿口开始贫化到放至截止品位时，往往需要放出数量较多的废石，每个步距、每条进路和每个分段都如此放出。因此，端部放矿贫化率很大[28]。

从放矿椭球体理论来看，放出体形态是一个三维椭球体，放矿过程中放出椭球体不断扩大，如图 2 - 2 所示。当放出椭球体发育到矿岩交界面时，将产生贫化。

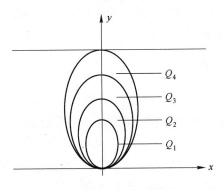

图 2 - 2　放出体形态

从放出体形态的三维方向来看，当放出体的顶部高度发育穿越上分段的脊部残留矿石与岩石的接触面，此时贫化表现为顶部贫化；当放出体沿进路方向的尺寸穿越正面矿岩接触面时，此时贫化表现为正面贫化；同理，当放出体沿垂直进路方向的尺寸穿越侧面矿岩接触面时，贫化表现为侧面贫化。因此，端部放矿贫化主要是由于放出体顶部、正面和侧面的废石混入矿石内造成的[29]。

在实际矿山中，覆盖岩石是复杂的非理想散体，存在块度、湿度、黏结性等差异，放矿时小块岩石及粉状岩石具有移动速度快、渗透性强的特点，能穿越大块岩石提前放出，造成岩石提前混入，使放出体形态变小，这些超前运动的废石不仅使本分段滞后运动的矿石大量放不出来，而且如果这些超前的小块废石残留不放出时，在下分段放矿中仍将继续超前下移，严重影响以下各分段的放矿效果。

2.1.2　损失形式

端部放矿截止放矿时，未放出的矿石留在采场内，形成矿石

残留，残留有下盘残留、脊部残留和端壁残留三种，如图 2 - 3
所示[11, 30]。

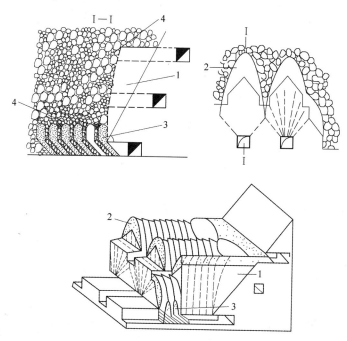

图 2 - 3   矿石残留体

1—下盘残留；2—脊部残留；3—端部残留；4—矿岩混杂层

　　残留矿石在下移过程中由于各种原因与岩石混杂而形成矿岩
混杂层（通常称为老矿），覆盖于崩矿分段之上。矿岩混杂层相
当于崩矿分段上面覆盖的是有品位的岩石，在放出过程中矿岩混
杂层不断加厚。如果混杂层矿岩品位高于矿石最低品位，仍有利
用的价值。下分段放矿时，残留矿石尤其是脊部残留与端部残留
可继续下移，一部分可能再次放出。

　　当矿体倾角小于放出角时，在矿体的下盘还会形成一个死
带，即下盘残留，如图 2 - 4 所示。下盘矿石残留与矿体倾角和
上下放矿口垂直高度有关，上下放矿口垂直高度越大，残留越
多[28, 31]。当矿体倾角不大时，下盘矿石残留数量（含进入下

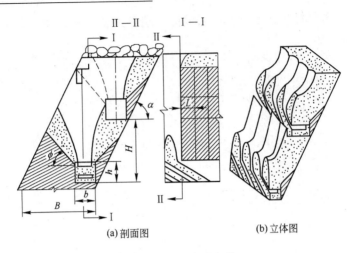

(a) 剖面图   (b) 立体图

图 2 - 4   下盘残留体

盘残留区域的脊部残留与端部残留）很大，进入下盘残留区域内的脊部残留与端部残留同下盘残留一起损失于地下。为此经常采用开掘下盘岩石的办法，以此减少下盘矿石损失数量[11]。

2.2   覆岩下放矿损失贫化的影响因素

覆盖岩层下端部放矿，岩石不可避免地混入矿石而造成贫化。影响损失贫化的因素很多，概括起来有四个方面：一是矿体自然条件，如矿体倾角与厚度以及夹石的影响；二是工程因素，如出现立槽、悬顶和立墙现象等[25]；三是采矿方法；四是放矿管理[31]。矿体自然条件不能改变，而工程因素与爆破技术有关，适当改进爆破，有可能克服。这里主要讨论后两种因素，分别从下面几方面进行论述。

2.2.1   覆盖层厚度的影响

覆盖岩厚度越大，其下部松散矿石间的摩擦阻力和抗剪能力越大，放出体也就越瘦。反之，覆盖岩越薄，放出体越肥大[26]。

崩落法开采时上部需要有一定厚度的覆盖岩层，覆盖岩层的形成有两种方式：一种是利用爆破崩落围岩形成覆盖层；另一种是用废石场的废石充入采空区形成覆盖层[32]。

覆盖层的厚度要满足放矿工艺的要求，覆盖层不能太薄，否则会对放矿造成影响[32,33]，如：

（1）未形成覆盖层时，进路端部为采空区，矿石侧向崩入采空区内，绝大部分不能在本分段放出。

（2）覆盖层厚度不足以埋住待崩落的矿石时，端壁面的下半部为废石覆盖，而上半部是空场，爆破后，上半部的矿石可能被崩到覆盖层废石之上，造成崩落过程中的矿、岩混杂，引起崩落矿石的大量贫化。

（3）覆盖层厚度不足，一旦发生顶板围岩的大规模冒落时，进路内的作业人员和设备将受到动压与气浪的冲击。

然而，覆盖层厚度调查难度很大，且安全性差，直接进行取样分析几乎是不可能的。

2.2.1.1 覆盖岩非均匀度的影响

覆盖层是一种结构非常复杂的非均匀松散介质，长期存放于采场中，频繁地受到生产中爆破的挤压、冲击作用和移动过程中相互碰撞而发生破碎现象，形成大量粉岩和小块。这些粉岩和小块由于具有移动速度快、渗透性强的特点，随矿岩界面下降逐渐向矿岩界面聚集，并随放矿而迅速渗入矿石层中，造成不同层位的散体相互交叉或混杂，导致界面不清或层面不清、矿岩混杂层的形成和矿石贫化的提前产生。

当覆盖岩层平均颗粒比矿石层颗粒大，或者覆盖岩层颗粒与矿石层颗粒大小差异不大的情况下，即崩落矿岩散体非均匀度较小，在下移过程中，矿岩界线明显，即使在放矿过程中会发生极少数细小颗粒的穿流现象，但对损失贫化影响不大；当覆盖岩平均颗粒比矿石颗粒小时，即崩落矿岩非均匀度较大时，小颗粒覆盖岩容易穿越矿石层而提前到达放出口，矿岩发生明显混杂，严重影响损失贫化。

覆盖岩的非均匀度对放矿的影响，文献[13]和[19]进行了实验分析，实验结果如表2-2~表2-5所示，实验表明：矿岩散体非均匀度越大，细小颗粒的穿流速度越大，矿岩总的损失与贫化率也越大。

表2-2 渗透试验矿石块度组成 （%）

矿石粒径 /mm	<2	2~4	4~7	7~10	10~16	16~20
废石	6	18	30	20	19	7
试验1	21.8	15.8	18.7	19.0	16.9	7.8
试验2	10	15	20	18	20	17
试验3	0	15	22	20	20	23

表2-3 渗透试验放矿结果

试验序号	开始贫化放矿高度/cm	放矿高度95cm贫化率/%
试验1	92	3.47
试验2	90	6.40
试验3	86	7.78

表2-4 不同废石颗粒组成的物料级配 （%）

废石粒径 /mm	<2	2~4	4~7	7~10	10~16	16~20
矿石	6	15	22	22	20	15
覆盖层1	1	5	20	25	29	20
覆盖层2	12	30	20	11	17	10
覆盖层3	22	40	22	26	10	1

表2-5 不同废石颗粒组成的放矿试验结果

试验序号	覆盖层1	覆盖层2	覆盖层3
放矿高度/cm	90	90	90
贫化率/%	3.2	5.7	7.1

2.2.1.2 黄土覆盖层

采场覆盖层含大量黄土，这是常有的事，黄土对放矿影响很大。黄土进入采场主要有以下几个原因：

（1）地表塌陷区的形成和逐步扩大，为黄土进入采区提供了通道。

（2）黄土土质疏松，抗剪强度低，遇水易崩解产生液化流失，随着回采的进行，泥砂在水的作用下会很快进入采区[14]。

（3）由于对放矿中黄土的危害认识不清，矿山在形成覆盖层时，直接将黄土充入空区作覆盖层。

文献[34]、[46]、[54]对黄土在放矿过程中的移动规律进行了实验研究，实验现象为：放出时，在中轴线附近的黄土下降较快，两边较慢，土、矿交界面呈漏斗状，随矿石放出，黄土漏斗不断下移、增大。当漏斗底部到达出矿口，漏斗开口破裂，放出黄土。随放出量增加，黄土放出漏斗母线倾角逐渐变缓，断面不断增大，放出矿量中黄土的含量随之急速增大。到一定程度后，漏斗母线倾角趋于稳定，即达到极限漏斗倾角（或称放矿静止角）时，黄土放出漏斗的形状不再扩展。此时，若继续放矿，将只有黄土放出，其余崩落矿石无法放出。一般情况下，当放出矿量达到总出矿量的 25% 左右时，在漏斗口有黄土出现；当放出矿量达到 40% ~ 60% 左右时，形成了黄土的通道，以后只能放出黄土而很少有矿石出现。

文献将黄土覆盖层下的矿体放矿分为三阶段：

（1）纯矿石阶段。黄土的粒度小、流动性好、下降速度较快。在矿石块度、湿度和出矿条件相同的情况下，黄土覆盖层纯矿石放出量比废石覆盖层纯矿石的放出量要少得多。但在放矿初期仍存在一个较为短暂的纯矿石放出阶段。

（2）混合放出阶段。当放矿时出现黄土，则结束纯矿石阶段，进入混合放出阶段。此时出矿中既有矿石又有黄土，先是矿多于土，很快演变为土多于矿。

（3）纯黄土阶段。随着放出矿石的减少，黄土漏斗母线倾角逐渐变缓，并达到极限漏斗倾角，黄土漏斗发育停止，继续放矿，则只有黄土放出，形成完全的黄土放出通道。余下的矿石不能再放出，成为矿石残留。

模型实验采用的粒度配比如表 2-6 所示，各方案放出量统计如表 2-7 所示，图 2-5 为黄土混入率与放出量的关系分析图[34]。

表 2-6 模型试验粒度配比

现场粒度 /mm	模型粒度 /mm	粒级配比/%				
		Ⅰ	Ⅱ	Ⅲ	Ⅳ	Ⅴ
>450	>22.5	3	5	5	5	5
340~450	17~22.5	4	6	7	21	27
260~340	13~17	5	21	27	30	30
160~260	8~13	18	28	28	30	30
40~160	2~8	40	25	20	8	5
<40	<2	30	15	13	6	3
总计		100	100	100	100	100

表 2-7 各方案混入率与放出量统计（每步距装矿量50kg，湿度3%）

方案	试验次数	纯矿放出量/kg	纯矿回收率/%	从开始放矿到形成黄土通道			
				土、矿累计放量/kg	矿石累计放量/kg	累计回收率/%	贫化段回收率/%
Ⅲ	Ⅲ-1	9.4	18.8	16.9	13.0	26.0	7.2
	Ⅲ-2	10.2	20.4	19.3	15.2	30.4	10.0
	Ⅲ-3	9.7	19.4	17.8	14.3	28.6	9.2
	Ⅲ-4	9.2	18.4	17.2	13.4	26.8	8.4
	平均	9.62	19.24	17.8	13.97	27.94	8.7
Ⅳ	Ⅳ-1	16.62	33.24	35.89	29.32	58.64	25.40
	Ⅳ-2	16.28	32.56	27.20	23.40	46.80	14.24
	Ⅳ-3	11.87	23.73	25.82	21.23	42.46	18.73
	Ⅳ-4	13.40	26.80	26.17	22.36	44.72	17.92
	平均	14.54	29.08	28.77	24.08	48.16	19.08

方案	试验次数	纯矿放出量/kg	纯矿回收率/%	从开始放矿到形成黄土通道			
				土、矿累计放量/kg	矿石累计放量/kg	累计回收率/%	贫化段回收率/%
V	V-1	14.20	28.4	22.8	20.1	40.2	11.8
	V-2	10.55	21.1	15.2	13.2	26.4	5.3
	V-3	13.43	26.86	19.72	16.9	33.8	6.94
	V-4	12.83	25.66	17.8	14.9	29.8	4.14
	平均	12.75	25.5	18.88	16.28	32.55	7.05

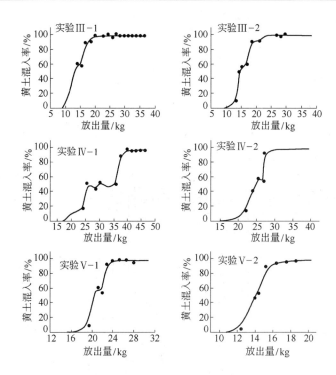

图2-5 黄土混入率与放出量关系

2.2.1.3 矿石隔离层

20世纪50年代初国外有学者提出矿石隔离层下放矿的设

想，如图 2-6 所示，当第 Ⅰ 分段矿岩界面下降到 H 高度，此时矿岩界面由于相邻放矿口的影响减弱而开始出现凸凹不平现象。如果将高度为 H 的矿石层留作作为矿石隔离层，回采第 Ⅱ 分段时在矿石隔离层掩盖之下放出本分段的全部矿石。依此类推，以下分段都是在这个矿石隔离层下放矿。矿石隔离层随放矿不断下移，直到回采完所有分段，才最后放出隔离层的矿石。

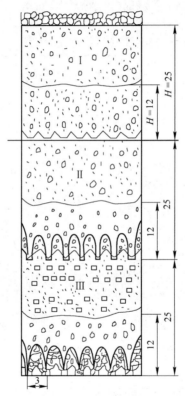

图 2-6　矿石隔离层下移过程

从理论上讲，尽量减少矿石贫化次数，可减少岩石混入量；保持矿岩界面下移过程中的完整性，防止岩石深入矿石堆而产生矿岩混杂，对降低损失贫化是有好处的。矿石隔离层下放矿是解决崩落法矿石贫化的一种放矿方式。

然而，矿石隔离层放矿必须采用均匀（平面）放矿，以保证矿岩界面能平面下降。由于放矿过程是不可视的，很容易放漏，将上面的覆盖岩石放下来，破坏这种矿石隔离层状态，要求放矿管理工作严，不容易做到；另外采场矿石积压量大，积压大量的流动资金。

2.2.2 结构参数的影响

采场结构参数是影响矿山开采效率、成本和生产组织等的重要因素，优化结构参数可以降低采切成本，降低贫化损失，提高放矿效果。

采场结构参数受矿体产状、矿山装备、生产组织、凿岩、装药和爆破等多方面的影响和限制。

当矿体属于中厚以上、倾角大于 60°时，倾角对结构参数影响不大、对于厚度不大、倾角较小的矿体，采场结构参数将直接影响回采效果。

当孔深加大到 20m 以上时，采用人工装药不但劳动强度大，作业困难，而且装药质量难以保证，影响爆破效果[5]。因此，长期以来国内很多矿山仍在采用小型结构参数，配以小型的风动凿岩等设备，尤其是矿山开采条件不很理想、采场地压显现较严重的矿山。小型结构参数采切比过高，采矿成本居高不下，且生产能力低下[35]。作为国内重点矿山，由于引进国外先进的采掘设备，参数有一定的提高，但多数矿山所采用的仍是中型结构参数（15~20m）。表 2-8 为国内几座无底柱分段崩落法结构参数[36]。

表 2-8 国内几座无底柱分段崩落法结构参数

矿山名称	漓渚铁矿	寿王坟铜矿	镜铁山铁矿	梅山铁矿
分段高度/m	24	45	20	15
进路间距/m	10	12.5	20（15）	15
回采率/%	83.5			84.2

矿山名称	滴渚铁矿	寿王坟铜矿	镜铁山铁矿	梅山铁矿
贫化率/%	13.63			13.12
采矿强度/t·排$^{-1}$	2000	8000	2500~3000	
凿岩设备			SimbaH252台车	SimbaH252台车
出矿设备	2m³电动铲运机		WagnerST-SE3.8m³电动铲运机	TOKO-400E铲运机

2.2.2.1 合理的采场结构参数[37]

崩落法采场结构参数主要指分段高度、进路间距、进路宽度和崩矿步距，它们之间存在联系和制约，任一参数过大、过小都会使矿石损失贫化变坏[38]。

在国外，20世纪80年代就开始了加大结构参数应用。瑞典基鲁纳铁矿的结构参数经过了一个由小到大的渐变过程，采用大结构参数、装备大型高效设备、高强度开采、减少采准工程量；乌克兰的克里沃罗格矿区地下矿的分段高度也增加到25~40m，经济效益显著[5,21,39,40]。

然而，由于凿岩精度、装药设备等诸多因素的影响，高分段并没有在我国获得实际应用。某些矿山采用低分段凿岩、2~3个分段同时爆破的方式来实现高端壁放矿，增加了一次崩矿量，但矿山采掘工程量的降低并不多。目前国内采用的最大参数为20m×20m，如梅山铁矿已经加大到15m×20m、北铭河铁矿为15m×18m、程潮铁矿在深部开采采用17.5m×15m、大红山铁矿设计采用20m×20m等[5]。我国无底柱分段崩落法的矿山实际结构参数列于表2-9[10]。

结构参数大型化主要在于减少采准工程量和提高矿山劳动生产率，从而降低采矿成本，提高矿山的整体经济效益。一味地强调加大结构参数,如果结构参数不匹配,将对放矿产生不良影响,合理的采场结构参数是获得较好开采效果的前提和基础。

表 2 - 9 我国无底柱分段崩落法矿山的结构参数

矿山名称	阶段高度 /m	分段高度 /m	进路间距 /m	进路规格 (宽×高) /m×m	崩矿步距 /m	边孔角 /(°)
大庙铁矿	60～70	10～13	10	4×3	3.0	50
符山铁矿 (4号矿体)	50	10	10	4×3	1.6	45
符山铁矿 (6号矿体)	50	10	8	4×3	1.5	60
镜铁山铁矿	60～120	10～12	10	3.5×3.5	1.6	50
梅山铁矿	120	10～13	10	4×3.0	1.6	50
尖林山铁矿	60～70	10	10	4×3.2	2.2～2.5	60
冶山铁矿	60～70	10～12	10	3×2.8	1.5～3	60
弓长岭铁矿	60	10～12	10	4×3.2	3	50
板石沟铁矿	60	10	10	3×3	1.5～3	45
程潮铁矿	70	8～13	10	3.3×2.8	2～2.5	60
金山店铁矿		8～12	10	2.8×2.6		45
玉石洼铁矿	50	10	10	2.6×2.7	1.6	50
丰山铜矿	50	8～10	7～10	3.6×3.1	2.2～2.4	60
大厂铜坑	90	12～13	10	3.2×3.0	3.2～3.6	
向山硫铁矿	28～43	7～14	7～8	2.5×3.5	2.5～2.8	45
云台山硫铁矿	50	7～14	6～10	2.5×2.5	1.5	40

在分段高度、进路间距、进路规格和崩矿步距 4 个结构参数中,崩矿步距比较灵活,调整也比较容易,而进路间距、分段高度和进路规格不容易调整,采准一旦完成,根本无法更改,另外由于进路间距、分段高度和进路规格与矿体赋存条件及凿岩、装药等设备的能力及矿石稳固性有关,因此,最缺乏调整的弹性[21,26]。

重视端部放矿采矿法结构参数的研究，一方面是由于各种新型高效采矿设备的使用，要求结构参数与之相适应，以充分发挥其效率；另一方面，由于端部放矿普遍存在矿石损失贫化严重的问题，人们总是期望通过调整结构参数来改善矿石回采指标。

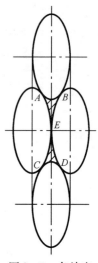

如图 2-7 所示，目前，国内外优化结构参数主要是依据椭球体放矿理论，使放出椭球体相切[8,9]，从而使放出体与崩落矿石堆体最大限度地吻合，尽可能多放出纯矿石，降低矿石损失贫化。然而决定放出椭球体重要参数的偏心率难以测定，因此以椭球体相切作为结构参数优化依据，实施过程有困难，缺乏可操作性。

图 2-7 各放出椭球体相切

2.2.2.2 分段高度

分段高度是结构参数中一个重要的参数，直接影响采矿成本和矿石损失贫化。

增大分段高度，可以减少分段数，减少采切工程量。然而，分段高度的增加是有限度的，分段高度受凿岩设备的有效穿孔深度及矿体赋存条件的制约。增大分段高度，炮孔深度也随之增加，当其超过凿岩设备能力时，凿岩效率显著下降，夹钎和断钎事故增多，炮孔偏斜度增加，合格率降低，另外，扇形炮孔爆破，下部能量更集中，上部更远离，致使爆破下部过碎，而上部大块多，爆破效果差，铲装设备效率降低，也容易发生悬顶、隔墙等爆破事故，加大矿石损失贫化。

当矿体赋存不规则时，在矿体边部上、下分段难以按菱形布置，分段过高会使大量的边角矿体无法采出，损失贫化增大；中厚矿体沿矿体走向布置时，分段高度受矿体倾角的限制，特别是在倾斜、缓倾斜矿体中，增大分段高度会使下盘损失增大，这部分矿石在下分段也难以放出。

分段高度过小，决定了崩矿步距也小，不仅增加采准工程量，也增加了损失贫化次数，导致矿石的损失、贫化较大[41,42]。

因此，有专家提出高分段、高端壁、菱形双巷等多种方案，认为提高分段高度会形成靠壁残留，增加了下一崩矿步距矿石厚度，加大放出体高度，其放矿效果如图2-8所示[16]。

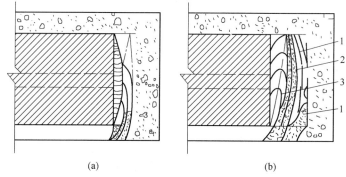

(a)　　　　　　　　　　　(b)

图2-8 增加矿石层高度放矿效果

1—矿岩界面移动迹线；2—靠壁残留体；3—矿石放出体

高端壁和菱形双巷方案，两者的实质基本一样，都起到增加崩落矿石层高度的目的[16]。然而，提高崩落矿石层高度，如果崩矿步距、进路间距不相应调整，会恶化放矿条件，导致放矿效果更差。

2.2.2.3 进路间距

文献[38]对进路间距影响矿石损失贫化进行了研究，认为进路间距对矿石损失贫化的影响不像其他参数变化那样敏感，进路间距值在一定范围内变化时，矿石损失贫化变化一般不大。

根据椭球体理论，进路间距不应过大或过小，当回采巷道间距过大时，则相邻两条回采巷道的放出椭球体不相切（两个椭球体分离），矿石残留宽度过大，在下分段得不到很好的放出，加大了矿石损失；当进路间距过小时，两个椭球体相交，当一个椭球体矿石放出后，两个椭球体的相交部分已经充填了废石，在放出另一个椭球体的矿石时，两椭球体相交部分废石将随矿石放出，因而增加了贫化。

回采进路间距的确定目前大多是按崩落的菱形矿层与放矿椭球体轮廓尽量吻合的原则，即当分段高确定后，根据放出椭球体的偏心率，同时考虑矿石的稳固程度、保持进路稳定及矿岩性质（粉矿、水分、黏性、流动性等）对放矿椭球体发育的影响来确定进路间距。

2.2.2.4 崩矿步距

崩矿步距是指一次爆破崩落矿层厚度，是影响放出椭球体三维立体空间形态的又一个重要参数。加大崩矿步距后可大幅度提高一次崩矿量，减少回采爆破次数[43]。

在分段高度和进路间距已确定的前提下，唯一能调节的参数就是崩矿步距。合理确定崩矿步距使松散矿石形状尽可能与放出体形态吻合[26]。

当崩矿步距过大时，顶部废石先到放矿口，到截止品位时，留下过多的正面残留，正面残留在下分段也得不到很好地放出，将产生较大的损失，如图2-9所示；当崩矿步距过小时，放出椭球体很快伸入正面废石中，正面废石随着放矿的进行，提前混合矿石被放出，不等顶面岩石到达，就已经提前达到截止品位，废石流被矿石流四周包围，俗称"包馅"现象，如图2-10所示，

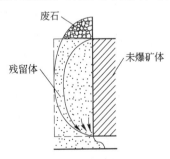

图2-9 崩矿步距过大
对放矿的影响

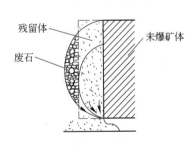

图2-10 崩矿步距小
对放矿的影响

致使顶部出现贴壁残留，并加大了两侧矿石损失，这些顶部残留由于下面有正面贫化废石的阻隔，在下分段也难以放出[38]，如图 2 - 11 所示。另外，由于崩矿步距过小，使爆破过于频繁，增加了贫化次数，使贫化率增大[41,44]。

在实际生产中优化崩矿步距也有一定难度，放矿过程中出现的废石是顶部废石还是正面废石，很难辨认。一般还是以崩矿步距大些为宜，尽可能保证大量脊部矿石正常放出。

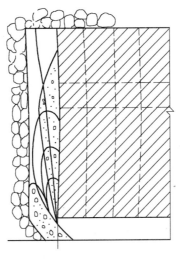

图 2 - 11　贴壁残留

2.2.2.5　进路规格[31]

根据散体流动规律，散体流动过程中，散体在流轴上垂直下降速度最大，如图 2 - 12 所示[45]。增大放矿口尺寸，可以改善散体的流动状态，使散体移动场流轴附近的散体移动强度减弱，而增强了远离流轴部位的散体移动强度，因此，增大放矿口有利于顶部矿岩平稳下降。

文献[3]对放矿口宽度的影响进行了试验研究，表 2 - 10 和图 2 - 13 为不同放矿口尺寸放出高度与对应放出量的实验统计结果[3]。

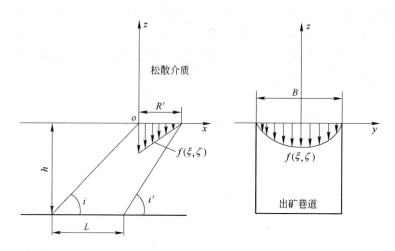

图 2 - 12 放出口宽度及速度分布

表 2 - 10 不同放矿口尺寸放出高度与对应放出量

试验序号	散体类型	试验类别	散体粒径 /mm	装填密度 /g·cm⁻³	放矿口尺寸 /cm	不同散体高度的放出量/g					
						5cm	10cm	15cm	20cm	25cm	30cm
10	白云岩	平面放矿模型	2~4	1.5330	5	145	435	990	1535	2450	3285
11	白云岩	平面放矿模型	2~4	1.5330	2	80	270	545	1245	1795	2700
12	白云岩	立体放矿模型	2~6	1.6548	3	130	405	1140	1780	3355	5180
13	白云岩	立体放矿模型	2~6	1.6548	2	115	305	930	1570	3010	4905

放矿时，应尽量保持放矿口全断面均匀出矿，使矿岩散体层更平整且均匀下降，从而减小崩落矿石与顶部覆盖层废石的接触面积，延迟废石漏斗破裂时间，有利于降低矿石贫化与损失，如图 2 - 14 所示。

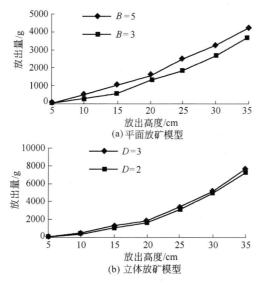

(a) 平面放矿模型

(b) 立体放矿模型

图 2-13 放矿口尺寸与放出量关系

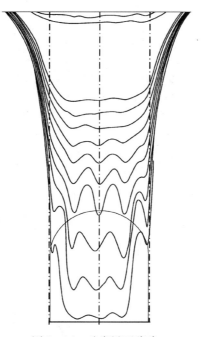

图 2-14 矿岩界面移动

2.2.3　铲取深度的影响

　　文献[26]、[41]、[45]对铲取深度影响矿石损失贫化进行了研究,认为出矿铲装时,出矿口的散体只在堆体表面一薄层移动,并逐渐向上部扩展,当铲取一定深度时,矿堆的堆积角超过矿石的自然安息角,矿石由放矿口成股流出,直到堆积角等于矿石的自然安息角为止。如果一次铲取量及铲取深度越大,向里扰动范围大,矿石的流动也就越大,矿石流动带的正面深度大,椭球体正面半径大,正面矿石残留减少,可改善放矿效果,如图2-15所示[47]。

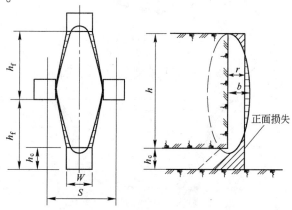

图2-15　眉线未破坏时矿石损失示意图

W—放矿口宽度,即进路宽度;h_c—进路高度;h—放矿椭球体高度,即放矿高度;
b—短半轴;h_f—分段高度;r—崩矿步距;S—进路间距

　　然而,端部放矿崩落采矿法实际矿山的崩矿步距都比较小,如果增加铲取深度,势必加速正面废石的混入,因此加大铲取深度是否可行值得进一步研究。

2.2.3.1　增加铲取深度的方案

A　保护檐方案

　　文献[48]提及根据铲取深度大可以改善放出椭球体形态的原

理提出一种保护檐的方案。以每4排为一个崩矿步距，通过调节每排孔的装药，爆破后便形成了图2-16所示的保护檐，目的是增加铲取深度，加大矿石流动带的深度，从而减少矿石的损失贫化。

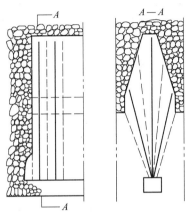

图2-16　保护檐方案

通过试验，保护檐方案在实践中遇到很多困难。由于凿岩爆破工作量大，而且质量要求高。有时难以形成保护檐，有时形成的保护檐尺寸达不到要求，实际效果不理想[48]。

B　高低分段方案

与保护檐方案类似，采用高低两分段组合，上分段超前下分段一个较小距离，形成图2-17所示的结构，此方案与保护檐方案一样，都是人为造成出矿点的前移，使铲取深度加大。这个方案比保护檐方案容易实现，但工程量大。

2.2.3.2　漏斗放矿方案

文献［47］提出漏斗放矿无底柱分段崩落法。在分段下部设有矿石漏斗，通过漏斗将崩落矿石放出，如图2-18所示，使放矿口前移，加大了铲取深度。增大了崩矿步距，一次崩矿量

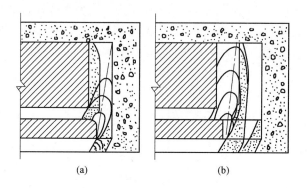

图 2-17 高低分段方案改善放矿效果

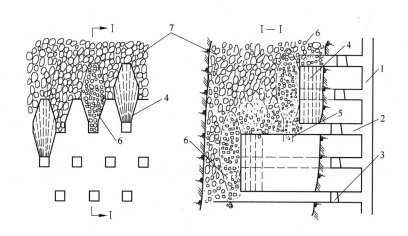

图 2-18 漏斗放矿无底柱分段崩落法

1—天井；2—分段联络道；3—分段平巷；4—炮孔；

5—放矿漏斗；6—采下矿石；7—覆盖岩

大，提高了回采强度，且放矿没有直壁的阻挡，使放矿椭球体发育完整，降低了出矿的贫化和损失率，如图 2-19 所示。

2.2.4 放矿管理的影响

从矿岩界面移动过程分析，当矿岩界面正常到达出矿口时，

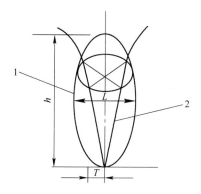

图 2 - 19　漏斗放矿椭球体发育情况
1—放出体；2—放矿漏斗轮廓线

还要继续放出，可以把放矿过程划分为纯矿石段和贫化矿石段。在纯矿石放出段，放出体在崩落矿石堆中，此后再继续放出矿石，放出体将进入岩石中，有岩石混入而产生矿石贫化，即贫化矿石段，当贫化到一定程度就不再放出，截止放矿。贫化程度的指标定为多少，即为截止品位的确定问题。截止品位随着矿石地质品位、采矿损失贫化、选矿金属回收、矿石或精矿售价，以及采选费用等不同而变动，是一个动态指标[49]，也是崩落法放矿的重要指标，决定了最终损失贫化指标。

2.2.4.1　截止品位放矿

端部放矿大多采用截止品位控制放矿，称为截止品位放矿。目前的截止品位是指在经济上收支平衡的品位，只有当截止放矿时，当次放出矿石在经济上收支平衡，此时的矿石品位就是符合步距总盈利额最大原则的放矿截止品位。截止品位放矿的着眼点是使本步距的盈利最大，将有价值的矿石都回采出来，在经济合理范围内，对矿岩堆体形态已经确定的单个步距来说放出的矿石量最多，残留于采场内的矿石量最少[9]。

截止品位决定了在采矿方法结构参数一定的条件下放出体的

扩大范围。

截止品位过高，即截止放矿岩石混入率小时，放出体扩展范围小，放出量少，矿石残留大，意味着在有利可得的条件下停止放矿，使获得的盈利额不是最大，残留矿石与废石漏斗中的废石相混杂比较严重，残留矿石在下分段即使被放出，也是以混杂的方式放出，因此，一次放矿的彻底性相对来说就比较重要。

反之，截止品位过低，截止放矿时允许岩石混入率大，扩大了矿岩移动范围，减少矿石残留体高度和体积，放出量大。然而，放出的高贫化矿石，其矿石处理成本会增加，在选矿加工生产能力一定的情况下会使精矿产量减少，后期放出的矿石产生经济亏损，所得盈利额也不是最大[49]。

关于截止品位确定方法，国内曾经进行过许多研究，一般按总盈利额最大原则确定[11, 50]。

2.2.4.2 无贫化放矿方案

有关专家和学者认为多次大量的废石混入是造成端部放矿崩落法矿石贫化大的最主要原因，而现行截止品位放矿每次贫化程度大，贫化次数多，为了减少放矿过程中废石混入次数和混入数量，借鉴矿石隔离层放矿，认为矿岩流动空间是连续的，即存留于采场内的崩落矿石不会被覆盖岩石阻隔，可在下面分段再次放出，即"转段回收"，提出无贫化放矿和低贫化放矿方案，一旦发现或估计到废石漏斗正常到达出矿口了，便停止放出，有意识、有计划地将上分段残留部分矿石留在采场内作为"隔离层"，遗留在采场内的矿石转移到下一分段放出，这样可以保持矿岩界面的完整性，不使矿岩界面产生破裂，减少每次贫化的程度，将多个分段组合，提高整体放矿指标[11, 50]。

无贫化放矿和低贫化放矿方案是介于矿石隔离层放矿与截止品位放矿之间的一种放矿管理方式，如图 2-20、图 2-21 所示[30]。

然而，无贫化放矿和低贫化放矿方案也存在一些突出问题：

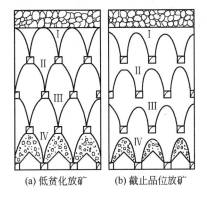

(a) 低贫化放矿   (b) 截止品位放矿

图 2-20 岩石界面下移情况

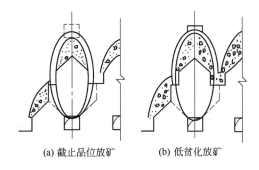

(a) 截止品位放矿   (b) 低贫化放矿

图 2-21 低贫化放矿增大纯矿石放出体

（1）造成前期矿石积压，尽管比矿石隔离层放矿的矿石积压量大大减少，但比目前广泛使用的截止品位放矿积压量大。积压矿石将造成资金提前投入和矿山年产量、三级矿量的失衡，因此，矿山资金积压的承受能力与提前投入能力是推行低贫化放矿或无贫化放矿的一大障碍[30,51]。

（2）见废石即停止放矿，增大了矿石残留，从而增大了下分段放矿的矿石层高度[52]，但崩矿步距不能与增大了的矿石层高度相适应，打破原有的崩矿步距与矿石层高度相适应的平衡关系，很容易出现崩矿步距相对较小的情况，正面废石提前混入，放出效果反而不好。由于每个分段采用不同品位控制放矿，那么每个分段的合理崩矿步距都将是不同的，需要动态地优化崩矿步距。端部放矿崩落矿石与覆盖岩层的内部结构具有不可见性，动态优化崩矿步距难度相当大。

3 降低损失贫化关键控制点的研究

目前，国内外公认椭球体放矿理论，端部放矿研究是在椭球体放矿理论指导下进行的，比如矿石放出体流动性研究就是使放出椭球体最大，结构参数优化、放矿管理研究就是使崩落矿石形态尽量与放出椭球体形态吻合。国内外普遍认为端部放矿矿石损失贫化高是由于矿岩直接接触和采场结构参数不合适造成的，因此，许多专家在矿石放出体的流动性、采场结构参数和放矿管理方面做了大量研究，也取得大量成果，在不同程度上改善了损失贫化指标，但实践表明，端部放矿损失贫化大的问题并没有得到很好的解决，矿石损失贫化问题仍然是困扰采矿界的一大难题。

究其原因，端部放矿废石混入情况非常复杂，崩落矿石与覆盖岩层不是均质的，性质的差异使矿岩流动存在很多不确定因素；另外，由于实际矿山中放出椭球体偏心率难以测定，目前放矿研究所画出的椭球体与实际不符，人为画出的崩落矿石形态与放出椭球体相切，在放出椭球体和崩落矿石形态都不确定的情况下，其实际效果可想而知。

众所周知，放矿过程中，矿石是在废石包裹下放出的，有顶部、正面、侧面等多方面的废石混入。大量的研究表明，放矿过程中，随着矿石被放出，放出体不断扩大，矿岩接触面逐渐形成废石漏斗，废石漏斗也不断下移。当放出椭球体位于崩落矿石层之内时，废石漏斗尚未到达放矿口，此时放出的是纯矿石；当放出椭球体的顶点达到矿岩接触面时，废石漏斗最低点到达放出口，此时纯矿石的放出量就达到最大值；再继续放出，废石漏斗顶点被放出，成为破裂漏斗，废石混入矿石里，进入贫化矿放出阶段。此后随着放出，破裂漏斗口断面不断地增大，放出废石的比例不断增大，使贫化矿品位不断降低，直至达到截止品位，停止放矿。图 3 – 1 所示为废石漏斗形态示意图[20]。

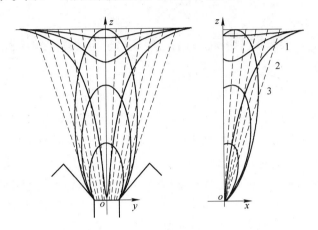

图 3 – 1 放出体、放出漏斗与颗粒移动迹线形态
1—废石漏斗；2—颗粒移动迹线；3—放出体

由图 3 – 1 可见，矿石与岩石的混杂发生在放矿口部位，是由于废石漏斗的破裂而引起，废石漏斗破裂口的不断扩大，引起废石混入强度的不断增大。混杂的程度取决于废石漏斗破裂口的断面与放出口断面的面积比以及散体放出速度分布。

研究贫化问题，其实更重要的是要研究废石如何混入，延缓和阻止废石漏斗的发育是减少废石混入的根本途径。如果不研究废石混入过程，仅研究矿石的流动以及结构参数，是不全面的。要控制废石混入，首先应该研究废石漏斗形成机理，这方面国内外都缺乏深入研究。

3.1 废石漏斗形成过程的研究

在实际矿山菱形布置的进路中，经过几个分段的放矿，覆盖层形态发生明显变化，覆盖层不是以往研究的平面型，而是呈"拱形"，这种拱形覆盖岩石的流动具有特殊性，对以后的放矿及废石漏斗形成都有很大影响。

3.1.1 废石漏斗形成过程实验

本书针对覆盖岩流动规律进行了相似性物理模拟实验，选用弓长岭井下矿的磁铁矿作为矿石模拟材料，选用白云岩作为岩石模拟材料。模拟矿岩材料经过破碎筛分，平均颗粒约为0.6cm，个别大块块度约2cm，小块和细砂约0.01~0.2cm。

放矿模型外形尺寸（长×宽×高）为0.36m×0.23m×1m，根据无底柱分段崩落法实际矿山按1:60的比例布置了菱形进路，共3个分段，同分段1~2条进路。

模型分段高20cm，进路为5cm×5cm，进路间距为20cm，矿石装填厚度约5.6cm，相当于分段高为12m、进路间距为12m、进路为3m×3m、崩矿步距为3.36m的实际矿山结构参数。模型装填效果如图3-2所示，覆盖层厚度约30cm，相当于

(a) 正面   (b) 侧面

图3-2　放矿模型装填效果

1.5个分段高，矿岩交界线为水平线。

图3-3为首采分段和第二分段放矿结束后废石漏斗的形态，首采分段是在水平覆盖层下的放矿，与传统研究是一致的；第二分段放矿后，两个进路分别形成废石漏斗，覆盖岩层不再是传统研究所采用的水平覆盖岩层，呈拱形，覆盖层废石位置高低不一。表明在菱形布置进路的情况下，经过上面分段的放矿，以下各分段都是在上分段遗留下的拱形废石覆盖层下进行放矿的。

(a) 首采分段放矿结束后的漏斗形态　　(b) 第二分段放矿结束后的漏斗形态

图3-3 分段放矿后遗留下的拱形废石漏斗

3.1.2 放矿过程中侧面漏斗的形成

下面我们观察拱形覆盖层下的放矿，第3个分段开始放矿，

刚开始放出的是纯矿石，很快地上分段相邻进路废石漏斗中的废
石在放矿口两侧以两条很细的燕尾状降落，并逐渐发展为两个细
长的废石漏斗，由于其位置处于放矿口的两侧，这里称为侧面
漏斗。

继续放矿，侧面漏斗向中央靠拢并变粗，顶部废石也逐渐下
移。两条侧面漏斗在放出口处汇合，包裹在其中的顶部矿石只能
随同侧面漏斗废石以混杂方式放出，再继续放矿，矿石与周围废
石不断混杂，最后在放矿口留下一个大废石漏斗，如图 3 - 4
所示。

当进路间距较小时，两侧面漏斗快速汇合，不等顶部矿石放
出，已经提前截止放矿了，使大量矿石得不到有效放出。

传统放矿研究没有考虑侧面漏斗，普遍认为废石漏斗是由顶
部废石下降形成的，其推断出"纯矿石放出椭球体最大高度约
为放出口到顶部原矿岩交界面距离"的观点也是不对的，由于
拱形覆盖层下的放矿过程中存在的侧面漏斗，纯矿石放出椭球体
最大高度实际远达不到这个高度。

3.1.3 废石漏斗的形成机理

通过上述实验，我们对废石漏斗的形成机理进行了分析。

3.1.3.1 顶部漏斗的形成

·本次实验首采分段形成的废石漏斗基本可以说明顶部漏斗形
成的过程，每个放矿口顶部的废石流动都会形成顶部废石漏斗，
即顶部漏斗。

在放矿过程中，由于顶部废石颗粒所处的位置不同，下移的
速度也不同，离漏口的轴线越近，下移的速度越快，下移的距离
也越大。随着放出量的增加，漏斗最低点高度不断下降，其对应
的矿岩接触面的下降曲线是由一簇曲线（在空间上为一簇曲面）
组成的[8]，如图 3 - 5 所示。

图 3-4 细长的燕尾状侧面漏斗的形成过程

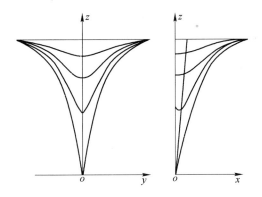

图 3 - 5　顶部废石漏斗发育过程

3.1.3.2　侧面漏斗的形成

当分段各进路放矿结束后，每条进路都留下废石漏斗，覆盖层呈拱形（图 3 - 3b），以下各分段都是在这种拱形覆盖层下放矿的。

在这种拱形覆盖层下放矿，除了能形成顶部废石漏斗外，还出现侧面废石漏斗。尽管放矿口中轴附近矿石比两侧移动快[44,56]，但由于上分段相邻进路遗留下的废石漏斗底部位置比较低，并处于移动角范围内，因此上分段相邻进路废石漏斗底部的废石降落比较早，在两侧形成图 3 - 4 所示的燕尾状侧面废石漏斗。

继续放矿，侧面废石漏斗不断向中部靠拢、变粗，顶部中轴附近大量矿石只能随同侧面漏斗废石以混杂方式放出。两侧面漏斗快速汇合在一起，可能出现废石短路现象，使矿石得不到好的放出。

侧面漏斗由上下两条边界组成，如图 3 - 6 所示。下部边界线与放矿角接近，约呈 60°，可以近似地认为是直线，放矿过程中该界线比较稳定；上部边界线在放矿过程中不断向中部发展，放矿过程中某时刻上部边界线可以近似地用抛物线方程来表示，以高度方向为 z 轴，垂直巷道方向为 y 轴，其方程为

$$z = ay^2 + by + c$$

其中 a、b、c 三个参数受矿石湿度、松散程度、矿岩粒级、形状以及结构参数等因素影响，并随矿石的放出不断变化。

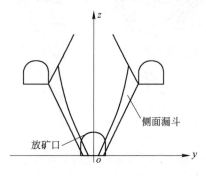

图 3-6 侧面漏斗的形态

3.1.3.3 正面漏斗

上述实验是在垂直进路剖面观察矿岩的流动，不能观察到正面废石的混入情况，由于端部放矿正面也存在覆盖岩，随着矿石的放出，正面废石也会以递补的方式流入放出口，形成正面漏斗。可以想象出，正面漏斗的形成过程其实与侧面漏斗相似。

为了证实这种假设，我们又进行了正面漏斗形成过程的实验，为了观察的方便，将比例放大。巷道高 8cm，崩矿步距为 5cm，相当于实际矿山的 2.5m，模型中布置了一个半放矿巷道，相当于在放矿口中央作剖面，目的是在模型侧面观察正面废石混入的情况，模型装填情况如图 3-7 所示。

放矿过程不同时刻的侧面观察情况如图 3-8 所示。图 3-8 基本反映了正面废石漏斗形成的过程。

实验表明，正面漏斗也由上下两条边界组成，下部边界线接近放矿角，在放矿过程中变化不大，可以用直线表示；上部边界线在放矿过程中不断向中部发展，某时刻上部边界线也可以用抛物线表示，如图 3-9 所示。

概括起来，端部放矿过程中，随着矿石的放出，同时在顶部、两个侧面和正面形成 4 个小漏斗，如图 3-10 所示。

(a) 正面   (b) 侧面

图 3-7 正面废石漏斗形成过程实验装填情况

图 3-8 不同时刻放矿的侧面观察情况

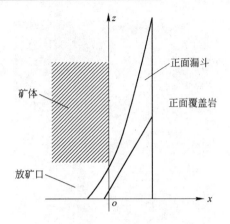

图 3 - 9 正面漏斗形态

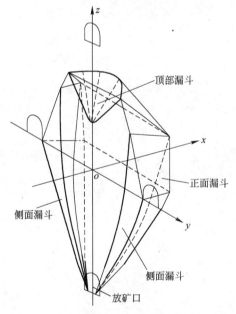

图 3 - 10 废石漏斗由 4 个小漏斗汇合而成

通过实验及分析，得出如下结论：

（1）首采分段覆盖岩层基本是水平的，下分段由于上分段放矿遗留下了废石漏斗，覆盖岩层形状呈拱形。

（2）除首采分段外，其他分段的放矿都是在拱形覆盖岩层下进行放矿，废石漏斗的形成过程是由顶部、两个侧面、正面4个小漏斗逐渐向中间汇集形成的。废石漏斗形成特点为：顶部废石与传统废石漏斗研究一致，中央下降速度快；拱形覆盖层拱脚处废石（即上分段相邻放出口位置）容易形成两侧燕尾状小漏斗，小漏斗继续扩大，最后汇合在一起；正面废石漏斗的形成与两侧小漏斗相似。

（3）受传统平面覆盖岩层实验影响，传统废石漏斗研究没有考虑侧面漏斗和正面漏斗，普遍认为废石漏斗是由顶部废石下降形成的，并认为"纯矿石放出椭球体最大高度约为放出口到原矿岩交界面距离"。由于放矿过程中存在侧面漏斗和正面漏斗，纯矿石放出椭球体最大高度实际远达不到这个高度。

3.1.4 结构参数优化新思路

通过研究废石漏斗的形成机理，得出废石漏斗的形成过程是由顶部、两个侧面和正面4个小漏斗逐渐向中间汇集形成的规律，待放出的矿石是在这4个漏斗包裹下逐渐放出的，如果某个小漏斗提前到达放出口，就意味着贫化的开始，将提前产生贫化，并很快达到截止品位，停止放矿，使大量崩落矿石放不出来，这就是端部放矿贫化损失大的真正原因。

因此，只有当4个漏斗同时到达放矿口，崩落矿石才能有效放出。

每个漏斗到达放出口的时间取决于漏斗位置及流动性，漏斗位置取决于结构参数，流动性主要受矿岩颗粒粒级和形状、粉末含量[43]、矿石湿度、松散程度等因素的影响。考虑到在同一放矿口放矿，顶部、两个侧面和正面4个小漏斗废石流动性的差异不大，因此，各漏斗到达放出口主要受结构参数影响。

由图3-10可以看出：

（1）顶部漏斗流动速度取决于分段高度。分段过高，致使崩落矿石高度大，顶部漏斗到达放出口比较晚，正面和侧面小漏斗提前到达放出口，提前截至放矿，使顶部矿石得不到好的放出。

（2）侧面漏斗流动速度取决于进路间距。进路间距过小，侧面漏斗汇合过早。侧面漏斗废石下降比顶部矿石早，侧面漏斗汇合在一起，使顶部矿石不能有效放出；适当加大间距，可以减缓侧面漏斗的影响。

（3）正面漏斗流动速度取决于崩矿步距。崩矿步距过小，会导致正面废石提前到达放出口，影响放出效果。

通过模拟顶部、侧面和正面漏斗到达放矿口的时间，以"顶部、两个侧面、正面4个小漏斗同时到达放出口"作为采场结构参数优化依据，可得到采场最佳结构参数，这种方法比"放出椭球体相切依据"可操作性强，容易实现。

3.2　损失贫化的关键控制点及控制方法

由上面研究得知，废石漏斗主要由顶部、两侧和正面4个小漏斗汇合而成，因此，降低损失贫化，关键是控制这4个小漏斗的形成，使之不过早到达放出口，为矿石放出创造条件。

正面小漏斗控制比较困难，尽管可以调整崩矿步距，但实际矿山崩矿步距的调整是有限度的，而顶部、两侧小漏斗的控制还是有可能的。由上节实验知道，除首采分段外，以下各分段都是在拱形覆盖岩层下进行放矿，从垂直进路剖面观察，覆盖岩层主要包括顶部和侧面两部分，如图3－11所示。图3－11中 A、B、C 是废石流动的关键特征点。

3.2.1　顶部废石的控制

根据马拉霍夫《崩落矿块的放矿》一书中实验的"放矿口上部垂直柱状体颗粒运动速度快"结论知道，A 点废石漏斗岩石移动速度快，控制住放矿口顶部垂直柱状体废石是非常关键的，这样就可以遏制顶部漏斗移动，A 点（即顶部巷道废石漏斗底）

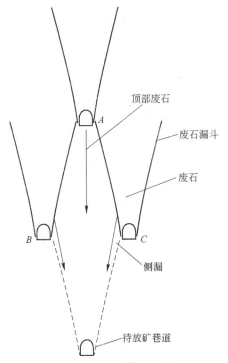

图 3 - 11　放矿对矿岩接触面移动规律

为顶部废石控制的关键点。

3.2.2　侧部废石的控制

如图 3 - 12 所示，A、B、C 三条进路已经放矿结束，形成拱形废石漏斗，D 为待放矿的放矿口，D 放矿时，虽然 B 点和 C 点漏斗岩石移动速度比 A 点慢，但是由于 B 点和 C 点的位置比 A 点位置低，因此，B 点和 C 点附近的废石更早被放出来。

如果控制住 B 点和 C 点，侧面废石漏斗中废石的移动也能有所遏制，因此，B 点和 C 点也是侧面漏斗的控制点。

A、B 和 C 三点有个共同特点，都是上分段进路的巷道底部，因此，回采前在出矿巷道底部铺设人工假顶，即可控制住这几个控制点，阻止废石的流入，遏制顶部和两侧小漏斗的形成。

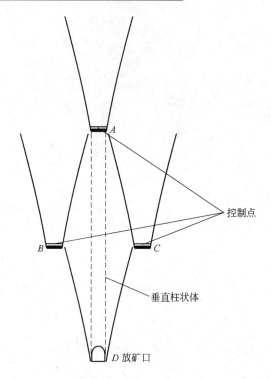

图 3 - 12　废石漏斗的控制点

　　人工假顶方案是布置在废石控制点用来控制放矿过程废石混入的一种办法，假顶尺寸不用太大，只需与放矿口上部垂直柱状体横截面同大小（即宽度等于回采巷道的宽度）即可。

　　与人工假顶方案相似，我们又提出了挑檐结构方案，这两种方法的目的都是将控制点上方的废石挡住，从而阻止废石的移动，减少废石的混入，解决端部放矿损失贫化问题，提高矿石回采率。

4 钢混结构人工假顶在端部放矿中的应用

人工假顶是控制放矿过程废石混入的一种有效办法。崩落法中使用人工假顶比较早，比如分层崩落法，该法将矿体划分成矿块，自上而下按分层进行回采。每一分层随着回采工作的进行，在整个矿块底板上全面铺设假底，作为下一分层回采时的假顶，然后把上部假顶及覆盖层放下来，使其充满采空区，人工假顶起到隔离覆盖层和崩落矿石的作用，由于木材消耗大，这种方法已逐渐被淘汰。

文献［55］在昆钢八街铁矿采用金属网软假顶进行了人工假顶无底柱分段崩落法试验，是将相邻的两个回采巷道之间的矿体拉开，形成一个空区，空区底部全面铺设钢丝绳网，目的是将上部废石与下部崩落矿石隔离开，减少矿石贫化。铺顶工艺复杂，工效低，文中分析钢丝绳网经常放漏，试验结果很不理想。

专利 CN97116285.9 "地下厚富矿体绳网隔离法无贫损开采工艺"，是在无底柱分段崩落法首采分段，在进路间的间柱中穿凿绳孔，用绳（筋）穿过这些孔，在进路中连接网绳，形成一层或多层将上部岩体和下部厚富矿体隔离的隔离网，之后可在网下进行回采，该方法网上部分矿体的回采相当复杂，且随着开采的延深，隔离网也容易出现断、漏现象。

目前，崩落法中使用过的人工假顶都是在覆盖岩层与矿石之间全面铺设假顶，将覆盖层和崩落矿石隔离开来，施工复杂，材料消耗大，或由于强度不够，容易出现漏网现象。

根据"钢结构具有抗折、混凝土具有抗弯"的原理，本书提出钢混结构人工假顶方案。人工假顶由底层的型钢支托网、上层的菱形钢筋网和混凝土浇灌层组成，两层钢网焊接在一起，并用混凝土浇灌成钢混结构整体，钢混结构人工假顶的宽度与回采巷道宽度相同，直接铺于回采巷道即可。

上层菱形钢筋网由钢筋焊接而成，其菱形钢筋网的宽度和长度与底层型钢支托的宽度和长度相匹配，混凝土浇灌层的浇灌厚度为 0.3 ~ 0.5m，如图 4 – 1 所示。

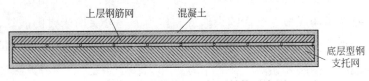

图 4 – 1   钢混结构人工假顶结构示意图

4.1   钢混结构人工假顶的实施方法

下面以无底柱分段崩落法和有底柱分段崩落法为例介绍其实施方法。

4.1.1   无底柱分段崩落法使用钢混结构人工假顶方法

在无底柱分段崩落法中，废石漏斗控制点为放矿口正上方回采巷道的整个底部。

因此，随回采工作面的回采，在正下方有回采进路的所有进路回采巷道末端底部连续地铺设与回采巷道同宽的钢混结构人工假底，作为其正下方回采巷道出矿的人工假顶，所有正上方有人工假顶的回采巷道都可在人工假顶的遮掩下进行凿岩、爆破与出矿，如图 4 – 2 所示。

为了防止下分段的爆破将上分段的人工假顶破坏，对于需要铺设钢混结构人工假顶的回采巷道，其下方扇形炮孔凿岩时，应使扇形炮孔孔底与该回采巷道底距离 0.1 ~ 0.2m。

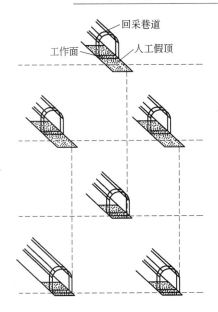

图 4 - 2 上下分段回采巷道呈菱形交错布置铺设人工假顶

4.1.2 有底柱分段崩落法使用钢混结构人工假顶方法

有底柱分段崩落采矿法的回采进路由落矿用的凿岩巷道和设有放矿、受矿及运搬矿石的底部结构组成，出矿多采用简单耐用的电耙。电耙出矿底部结构有漏斗式、堑沟式和平底式三种，底部结构中布置有受矿巷道和电耙巷道。漏斗式、堑沟式的底部结构无法使用钢混结构人工假顶，人工假顶只能在平底结构中使用。

平底结构有底柱分段崩落法废石漏斗控制点为放矿口正上方受矿巷道的整个底部，因此，只需在正下方有回采进路的所有进路中的受矿巷道爆破形成底部结构前，随回采工作的进行，在受矿巷道的底部连续地铺设与受矿巷道同宽的钢混结构假底，作为其正下方受矿巷道出矿的人工假顶，所有正上方有人工假顶的进路都在钢混结构人工假顶遮掩下进行出矿，如图4 - 3 所示。

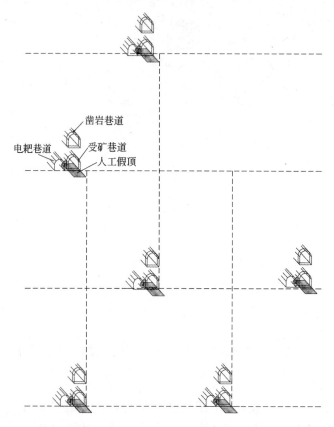

图 4-3   有底柱分段崩落法使用人工假顶方案

对于那些需要铺设钢混结构人工假顶的受矿巷道，其下分段扇形炮孔凿岩时，应使孔底与该受矿巷道底距离 0.1~0.2m。

4.1.3   钢混结构人工假顶的效果分析

如图 4-4 所示，传统的放矿方法很快形成废石漏斗，废石提前混入，其放出椭球体得不到好的发育，放出椭球体长、短轴都小，放出矿石量少；人工假顶方案与传统放矿方法相比，由于在回采巷道的正上方铺有钢混结构人工假顶，从而阻止了放矿过程中废石的流动，延缓了废石漏斗的形成，放出椭球体长、短轴都扩大，放出矿石量多。

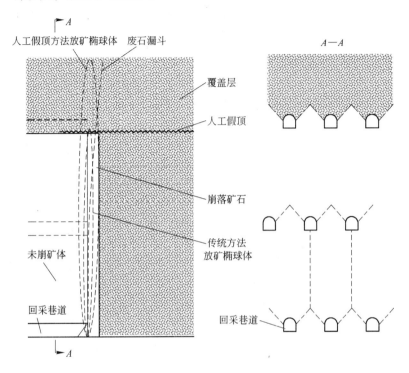

图 4-4　人工假顶方案与传统放矿方法放矿效果的区别示意图

4.2　实验室相似性模拟实验

以无底柱分段崩落法为例制作了实验模型，放矿模型外形尺寸为 0.36m×0.23m×1m（长×宽×高），选用弓长岭井下矿的磁铁矿作为矿石模拟材料，选用白云岩作为岩石模拟材料。模拟矿岩材料经过破碎筛分，块岩平均颗粒约为 0.6cm，个别大块块度约 2cm，小块和细砂约 0.01~0.2cm。

按 1:60 的比例根据无底柱分段崩落法采场结构布置了菱形进路，共 3 个分段，同分段 1~2 条进路，模型结构参数：回采巷道 5cm×5cm，进路间距 20cm，分段高 20cm。对应于实际矿山的结构参数为：回采巷道 3m × 3m，进路间距 12m，分段高 12m。矿石装填厚度 5.6cm，相当于实际矿山的崩矿步距为 3.36m。

分别对传统放矿方法和人工假顶方案进行对比实验，两者同一个模型，相同结构参数，矿岩装填材料也相同，粒度配比相同。实验过程全程录像，并拍照。

4.2.1 传统放矿模拟实验

装填时，崩落矿石与正面废石采用玻璃将矿岩隔开，装完一定高度，将玻璃抽起，再继续装填，图 4-5 为装填过程。为了观察矿岩移动情况，矿石层装填到一定位置时，布置了红色标志颗粒。

覆盖层厚度约 30cm，相当于 1.5 个分段高，矿岩交界线为水平线，矿岩装填效果如图 4-6 所示。图 4-7 为模型最底分段 4 号放矿口放矿过程不同时段录像截屏图。

图 4-5 玻璃将矿岩隔开的装填过程

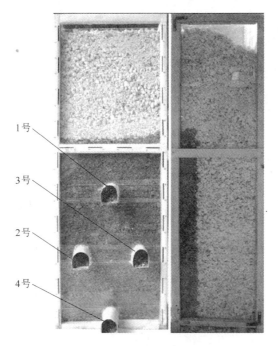

图 4 - 6　矿岩装填效果

(a)　　　　　(b)　　　　　(c)　　　　　(d)

图 4 - 7　4 号放矿口不同时段放矿情况

图4-8为每个放矿口每次放出矿量照片，图4-9为4号放矿口每次放出矿量照片。

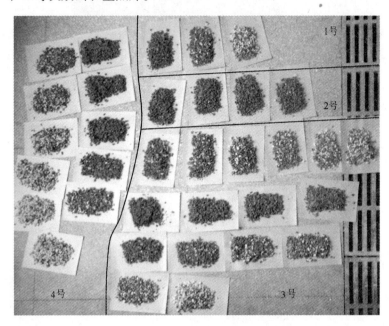

图4-8 1~4号放矿口每次放出矿量情况

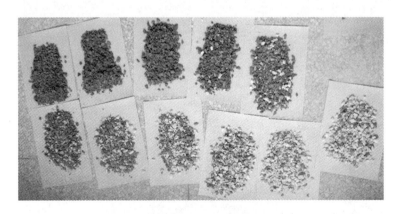

图4-9 4号放矿口每次放出矿量情况

表4-1为4号放矿口的放矿量统计表。

表4-1 4号放矿口的放矿量统计

序号	矿/g	岩/g	砂/g	岩合计/g	矿岩合计/g	当次贫化率/%	累计矿岩/g	累计矿/g	累计贫化率/%	累计岩/g
1	672		0.5	0.5	672.5	0.07	672.5	672	0.07	0.5
2	627		0.5	0.5	627.5	0.08	1300	1299	0.08	1
3	676.7		3.5	3.5	680.2	0.51	1980.2	1975.7	0.23	4.5
4	562.5	24.8	6.3	31.1	593.6	5.24	2573.8	2538.2	1.38	35.6
5	631.7	90	28.4	118.4	750.1	15.78	3323.9	3169.9	4.63	154
6	483	112	52.8	164.8	647.8	25.44	3971.7	3652.9	8.03	318.8
7	508.3	273.3	76.2	349.5	857.8	40.74	4829.5	4161.2	13.84	668.3
8	274.7	217	57.5	274.5	549.2	49.98	5378.7	4435.9	17.53	942.8
9	250.2	373	65.6	438.6	688.8	63.68	6067.5	4686.1	22.77	1381.4
10	198.3	590.9	70	660.9	859.2	76.92	6926.7	4884.4	29.48	2042.3
11	164.4	473.6	82	555.6	720	77.17	7646.7	5048.8	33.97	2597.9

4.2.2 人工假顶方案模拟实验

采用木条模拟人工假顶，在每个巷道底部铺设，如图4-10所示。装填后的效果如图4-11所示。

图4-10 人工假顶的铺设　　图4-11 模型装填效果

　　图 4-12 为不同时段放矿过程情况，图 4-13 为 4 号放矿口每次放出矿量照片，表 4-2 为 4 号放矿口的放矿量统计表。

(a)　　　　(b)　　　　(c)　　　　(d)　　　　(e)

图 4-12　不同时段放矿过程情况

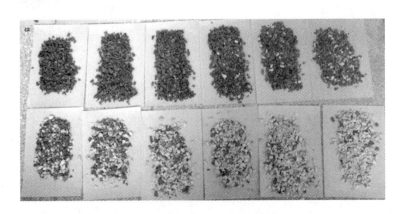

图 4-13　4 号放矿口每次放出矿量情况

表4-2 4号放矿口的放矿量统计

序号	矿/g	岩/g	砂/g	岩合计/g	矿岩合计/g	当次贫化率/%	累计矿岩/g	累计矿/g	累计贫化率/%	累计岩/g
1	607.5			0	607.5	0.00	607.5	607.5	0.00	0
2	703.9			0	703.9	0.00	1311.4	1311.4	0.00	0
3	625	5.6	1.1	6.7	631.7	1.06	1943.1	1936.4	0.34	6.7
4	656.1	33.1	5.5	38.6	694.7	5.56	2637.8	2592.5	1.72	45.3
5	580	49.8	9.5	59.3	639.3	9.28	3277.1	3172.5	3.19	104.6
6	492.2	87.3	20.8	108.1	600.3	18.01	3877.4	3664.7	5.49	212.7
7	361.5	133.5	32.1	165.6	527.1	31.42	4404.5	4026.2	8.59	378.3
8	303	211.4	33.8	245.2	548.2	44.73	4952.7	4329.2	12.59	623.5
9	199.5	297.2	52.2	349.4	548.9	63.65	5501.6	4528.7	17.68	972.9
10	133.2	396.5	54.6	451.1	584.3	77.20	6085.9	4661.9	23.40	1424
11	101.3	603.7	70	673.7	775	86.93	6860.9	4763.2	30.57	2097.7
12	45.7	310.3	59.1	369.4	415.1	88.99	7276	4808.9	33.91	2467.1

4.2.3 试验过程及结果分析

传统放矿方法与人工假顶方案实验过程基本相似，都出现侧面漏斗现象，但人工假顶方案废石混入比传统放矿方法轻。如传统放矿方法的图4-7（b）和人工假顶方案的图4-12（d）所示，当两者侧面漏斗混杂程度相近时，传统放矿方法顶部矿石高度大，而人工假顶方案顶部矿石少，说明传统放矿方法侧面漏斗下降较快，很多矿石会以混杂的方式放出，人工假顶方案侧面漏斗下降较慢，顶部矿石以纯矿石方式放出持续时间长，混杂少。

将表4-1和表4-2的放出量统计数据汇成曲线，得到图4-14曲线。图4-14（a）、（b）中实线为人工假顶方案曲线，虚线为传统方案曲线，图4-14（c）中1、2分别为传统放矿方法当次贫化率和累计贫化率曲线，3、4分别为人工假顶方案当次贫化率和累计贫化率曲线。

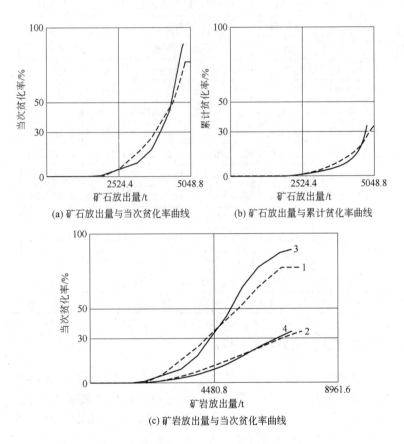

(a) 矿石放出量与当次贫化率曲线　　　(b) 矿石放出量与累计贫化率曲线

(c) 矿岩放出量与当次贫化率曲线

图 4-14　传统放矿方法与人工假顶方法 4 号
放出口放出量与贫化率的比较曲线

　　为了更清晰地进行比较，将图 4-14 (a)、(b) 中曲线放在同一个图中进行比较，得到人工假顶方案与传统放矿方法矿石放出量与贫化率关系对比曲线，如图 4-15 所示。图 4-15 中 1、2 分别为传统放矿方法当次贫化率和累计贫化率曲线，3、4 分别为人工假顶方案当次贫化率和累计贫化率曲线。

　　由图 4-15 可以看出，人工假顶方法曲线前期走势比传统放矿方法缓，说明人工假顶方案前期贫化率较低；后期突然变陡，说明人工假顶方案矿石已经放完,而传统放矿方法后期较缓,说明贫化大,废石一直夹杂矿石一起放出,后期贫化时间长。

实验表明:人工假顶方案对顶部漏斗及侧面漏斗具有很好的阻止作用,起到降低损失贫化的作用,但并不能对正面漏斗进行控制。

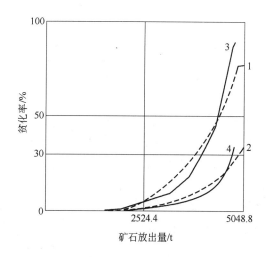

图 4 - 15 人工假顶方案与传统放矿方法贫化率对比曲线

4.3 工 业 试 验

弓长岭井下矿是鞍钢一座大型地下矿山,包括两条含铁带六层主矿体。上含铁带的第 4、5、6 层矿体规模较大,矿石品位较高,是主要开采矿体;下含铁带的第 1、2、3 层矿体规模略小、品位较低,为次要开采矿体,两条含铁带相距 80m 左右。采用浅孔留矿法和无底柱分段崩落法开采,其中无底柱分段崩落法沿走向布置进路,分段高度 12m,进路间距 10m,阶段高度 60m。

在弓长岭井下矿负 280 +48m 段 4 -5 穿进行了人工假顶方案工业试验,其采场结构如图 4 -16 所示。

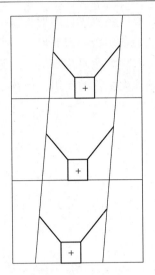

图 4 - 16   弓长岭矿无底柱分段崩落法采场结构

4.3.1   钢混结构人工假顶的施工

钢混结构人工假顶由钢结构和混凝土组成，钢结构又由两层组成，上层为钢板，下层为钢轨与工字钢网，两层钢网用焊接方法焊接在一起，再用混凝土将钢结构整体浇灌而成。假顶规格为 3m×0.3m（宽×高），其施工方法如下：

（1）主要材料：钢轨、钢板、水泥、砂。

（2）钢轨的连接：钢轨接缝处，在钢轨两侧采用夹板、螺栓连接，如图 4 - 17 所示。

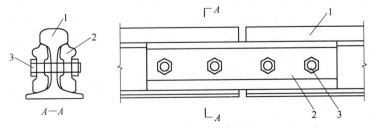

图 4 - 17   钢轨的连接
1—钢轨；2—夹板；3—螺栓

（3）钢轨与工字钢焊接成网：钢轨倒置平铺于巷道地面（大头在上，小头在下），上面用工字钢与钢轨宽面呈矩形和斜交焊接，如图 4-18 所示。

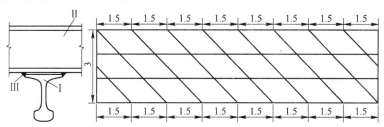

钢轨倒置与工字钢焊接

图 4-18　钢轨与工字钢焊接成网（单位：m）

Ⅰ—钢轨；Ⅱ—工字钢；Ⅲ—焊点

（4）钢板与钢轨网的焊接：钢板直接盖在钢轨网上，并焊接在一起。

（5）钢轨网浇灌混凝土：将钢轨网用混凝土浇灌成高度为 0.3m 的钢混结构。

人工假顶施工效果如图 4-19 所示。

(a)

(b)

图4-19 人工假顶施工效果图

4.3.2 试验标定

本试验先沿用了矿山每次爆破1排的崩矿步距（1.5m），经过试验标定，发现人工假顶方案与传统放矿方法相比，效果不明显。分析原因，主要是因为崩矿步距不足，不等上面废石降落，正面废石已经涌入，因此，改用每次爆破两排进行试验，即崩矿步距为3m。

为了统计的方便，制作了15cm×15cm网格的塑料绳网，在采场工作面和矿车上采用拉网测定方法进行跟班标定，如图4-20所示，统计出实际矿山生产指标，为了获得放矿过程完整曲线，放矿试验不采用截止品位放矿方法，一直放到全岩石情况（贫化率90%以上），工业试验放矿量统计如表4-3和表4-4所示。

将表4-3和表4-4的放矿量统计数据汇成曲线，得到图4-21曲线。图4-21中实线为人工假顶方案曲线，虚线为传统方案曲线。

将图4-21（a）、（b）两个图曲线放在同一个图中进行比较得到人工假顶方案与传统放矿方法矿石放出量与贫化率的比较

(a) 工作面标定

(b) 矿车上标定

图 4-20 现场标定

表 4-3 传统方案放矿量统计

序号	出矿斗数	混岩率/%	放矿量/t	总量/t	矿石量/t
1	10	0	50	50.00	50
2	10	0	50	100.00	50
3	10	0	50	150.00	50
4	10	0	50	200.00	50
5	10	0	50	250.00	50
6	10	0	50	300.00	50

序号	出矿斗数	混岩率/%	放矿量/t	总量/t	矿石量/t
7	10	1	50	350.00	49.5
8	10	1	50	400.00	49.5
9	10	2	50	450.00	49
10	10	5	50	500.00	47.5
11	10	7	50	550.00	46.5
12	10	10	50	600.00	45
13	10	15	50	650.00	42.5
14	10	20	50	700.00	40
15	10	20	50	750.00	40
16	10	25	50	800.00	37.5
17	10	30	50	850.00	35
18	10	35	50	900.00	32.5
19	10	40	50	950.00	30
20	10	45	50	1000.00	27.5
21	10	55	50	1050.00	22.5
22	10	55	50	1100.00	22.5
23	10	55	50	1150.00	22.5
24	10	60	50	1200.00	20
25	10	60	50	1250.00	20
26	10	65	50	1300.00	17.5
27	10	65	50	1350.00	17.5
28	10	70	50	1400.00	15
29	10	65	50	1450.00	17.5
30	10	70	50	1500.00	15
31	10	70	50	1550.00	15
32	10	75	50	1600.00	12.5
33	10	75	50	1650.00	12.5
34	10	80	50	1700.00	10

表4-4 人工假顶方案放矿量统计

序号	出矿斗数	混岩率/%	放矿量/t	总量/t	矿石量/t
1	10	0	50	50.00	50.00
2	10	0	50	100.00	50.00
3	10	0	50	150.00	50.00
4	10	0	50	200.00	50.00
5	10	0	50	250.00	50.00
6	10	0	50	300.00	50.00
7	10	0	50	350.00	50.00
8	10	1	50	400.00	50.00
9	10	2	50	450.00	50.00
10	10	3	50	500.00	50.00
11	10	3	50	550.00	50.00
12	10	3	50	600.00	50.00
13	10	10	50	650.00	50.00
14	10	10	50	700.00	50.00
15	10	15	50	750.00	50.00
16	10	20	50	800.00	50.00
17	10	25	50	850.00	50.00
18	10	30	50	900.00	50.00
19	10	40	50	950.00	50.00
20	10	45	50	1000.00	50.00
21	10	50	50	1050.00	50.00
22	10	55	50	1100.00	50.00
23	10	60	50	1150.00	50.00
24	10	75	50	1200.00	50.00
25	10	75	50	1250.00	50.00
26	10	80	50	1300.00	50.00
27	10	80	50	1350.00	50.00
28	10	75	50	1400.00	50.00

序号	出矿斗数	混岩率/%	放矿量/t	总量/t	矿石量/t
29	10	85	50	1450.00	50.00
30	10	85	50	1500.00	50.00
31	10	90	50	1550.00	50.00
32	10	95	50	1600.00	50.00

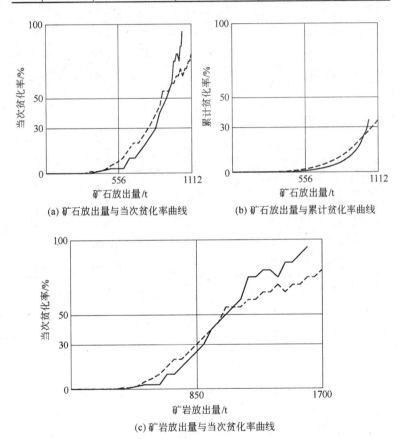

(a) 矿石放出量与当次贫化率曲线　　　(b) 矿石放出量与累计贫化率曲线

(c) 矿岩放出量与当次贫化率曲线

图 4 - 21　人工假顶方案与传统放矿方法放矿效果对比

曲线，如图 4 - 22 所示。图 4 - 22 中 1、2 分别为传统放矿方法
当次贫化率和累计贫化率曲线，3、4 分别为人工假顶方法当次

贫化率和累计贫化率曲线。

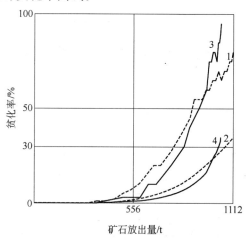

图 4 - 22　人工假顶方案与传统放矿方法矿石
放出量与贫化率的比较

5 挑檐式结构的无底柱阶段崩落采矿法

挑檐式结构的无底柱阶段崩落采矿法吸取了无底柱分段崩落法和阶段崩落法的优点,将矿体划分为阶段,在阶段里再划分为分段,上下分段回采巷道呈菱形交错布置,凿岩、爆破与出矿都在回采巷道内完成。在分段回采巷道内采用预先集中凿岩方式布置上向扇形中深孔,一次崩落阶段全高,在覆盖岩层下进行回退式回采。

5.1 挑檐式结构的实施方法

回采时以阶段为单位,阶段内各分段从回采巷道一端开始,先切割,再连续回采。当阶段内每个分段端部回采到同一个垂直位置,阶段各分段端壁整体呈垂直状态,然后阶段的最顶分段停止回采,以下各分段依次继续回采,直到每个下分段都超过其上分段一个挑檐距离,完成端部挑檐结构的准备工作,如图 5 - 1

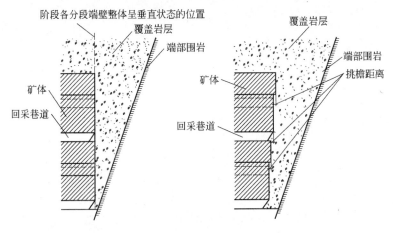

图 5 - 1　端部挑檐结构的准备工作示意图

所示。图 5 - 2 为挑檐结构无底柱阶段崩落法计算机三维模型图。

图 5 - 2 挑檐结构无底柱阶段崩落法计算机三维模型

以后的开采，阶段内各分段一直保持这种挑檐结构，回采高度等于阶段全高，阶段内各分段按"由上而下"的顺序依次爆破一个崩矿步距，再按"由上而下"的顺序依次在各分段回采巷道出矿，直到回采完阶段各回采进路，再开始下阶段的回采。

如图 5 - 3 所示，挑檐距离 D 取值为：$h\cot\alpha \geqslant D \geqslant \xi B$，其中：$h$ 为巷道高，α 为崩落矿石自然休止角，ξ 为矿石爆破膨胀系数，B 为崩矿步距。挑檐距离 D 通常取为 1.5 ~ 3m，其取值范围：（1）其取值必须保证爆破后，崩落矿石在其上挑檐结构的遮挡之内，否则挑檐结构对下部放矿口的放矿不起保护作用，即 $D \geqslant \xi B$，崩矿后上分段挑檐结构端壁必须到达下分段崩落矿石碎胀后到达的位置，如图 5 - 3（a）所示；（2）D 值不允许过大，如果超过崩落矿石按自然休止角在回采巷道自由堆落位置时，就会在工作面出现一个空区，影响爆破装药，即 $D \leqslant h\cot\alpha$，如图 5 - 3（b）所示。

与传统放矿方法相比，挑檐结构放矿效果如图 5 - 4 所示。

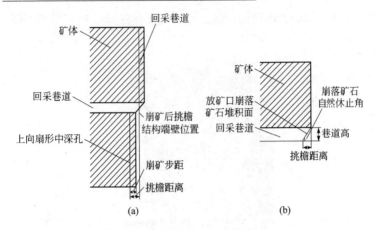

图 5 - 3 挑檐距离的取值范围

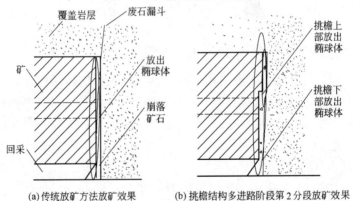

(a) 传统放矿方法放矿效果   (b) 挑檐结构多进路阶段第 2 分段放矿效果

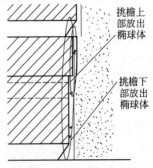

(c) 挑檐结构阶段第 3 及以下分段放矿效果

图 5 - 4 挑檐结构与传统放矿方法放矿效果比较示意图

（1）图5-4（a）示出了传统放矿方法很快形成废石漏斗，废石提前混入，其放出椭球体得不到发育，放出椭球体长、短轴都小，放出矿石量少。

（2）挑檐式结构的无底柱阶段崩落采矿法阶段第1分段放矿口上部没有挑檐结构的遮掩，直接在覆盖岩层下放矿，效果与传统放矿方法相同。

（3）图5-4（b）示出了挑檐式结构的无底柱阶段崩落采矿法阶段第2分段放矿效果，放出椭球体为挑檐下部放出椭球体和挑檐上部的放出椭球体的组合体。挑檐下部放出椭球体为本次爆破崩落矿石的放出体，由于正上方有挑檐结构的遮挡，阻止了放矿过程中废石漏斗的形成，挑檐下部放出椭球体充分发育，长、短轴都大，本次新崩落矿石得到充分放出，残留小。挑檐上部的放出椭球体主要是上分段放矿遗留下来的脊部残留矿石的放出体，在多进路情况下，脊部残留上部由于存在覆盖岩，放出椭球体形态比挑檐下部放出椭球体小；在单进路情况下，由于上部放矿口不正对下部放矿口，且有挑檐结构和上盘未爆破的围岩壁的遮掩，放矿椭球体发育条件好，放出椭球体形态比多进路长、短轴大些。

（4）图5-4（c）示出了挑檐式结构的无底柱阶段崩落采矿法阶段第3分段及以下分段的放矿效果，放出椭球体为挑檐下部放出椭球体和挑檐上部的放出椭球体的组合体。挑檐下部放出椭球体为本次爆破崩落矿石的放出体，由于正上方有挑檐结构的遮挡，阻止了放矿过程中废石漏斗的形成，挑檐下部放出椭球体充分发育，长、短轴都大，本次新崩落矿石得到充分放出，残留小。挑檐上部的放出椭球体主要是上分段放矿遗留下来的脊部残留矿石的放出体，在多进路情况下，由于正上方放矿口放矿后遗留下一个废石漏斗，放出椭球体形态比挑檐下部放出椭球体小；在单进路情况下，上部放矿口不正对下部放矿口，且有挑檐结构和上盘未爆破的围岩壁的遮掩，放矿椭球体发育条件好，放出椭球体形态比多进路长、短轴大。

从放矿椭球体理论来看，挑檐式结构的无底柱阶段崩落采矿法放出椭球体形状与崩落矿石形状相近，放出矿石量大。

挑檐结构的无底柱阶段崩落采矿法在回采巷道工作面末端形成挑檐结构，除阶段最顶分段外，其他回采巷道都在其正上方挑檐结构的遮掩下进行爆破与出矿，挑檐结构可以将崩落矿石与其上部覆盖岩石隔离开，放矿时有效地阻止了废石漏斗的形成，从而减小了矿石贫化，放出体形态放大，可提高矿石回采率，解决损失贫化问题，适用于中稳以上矿体的地下开采。

5.2　实验室模拟实验

本书对挑檐式结构的无底柱阶段崩落采矿法进行了相似性模拟实验，制作了实验模型，放矿模型外形尺寸（长×宽×高）为 $0.5m \times 0.5m \times 1m$，按 1:60 的模型布置了 3 个分段，进路按菱形布置，同分段 2~3 条进路。模型结构参数：回采巷道 5cm×5cm，进路间距 20cm，分段高 20cm，对应于实际矿山的结构参数为：回采巷道 3m×3m，进路间距 12m，分段高 12m。矿石装填厚度 5.6cm，相当于实际矿山的崩矿步距 3.36m。

选用弓长岭井下矿的磁铁矿作为矿石模拟材料，选用白云岩和花岗岩作为岩石模拟材料。矿岩材料经过破碎筛分，平均颗粒约为 0.6cm，个别大块块度约 2cm，小块和细砂约 0.01~0.2cm，模型装填效果如图 5-5 所示。

逐个放矿口进行放矿，实验过程全程录像，并拍照。图 5-6 所示为不同时段放矿过程情况。

实验表明，挑檐结构放矿过程不出现侧面漏斗现象，挑檐结构能延迟顶部混入的时间，有效地提高了纯矿石的放出量，但挑檐结构并不能对正面废石进行控制。

分析废石移动的规律，在放矿初期，由于挑檐结构的存在，顶部废石漏斗中的废石和上分段相邻进路废石漏斗的废石向本分段崩落矿石后面移动，起到过滤废石作用，过滤效果如图 5-7 所示。不出现侧面漏斗，且延迟了顶部废石下降时间。

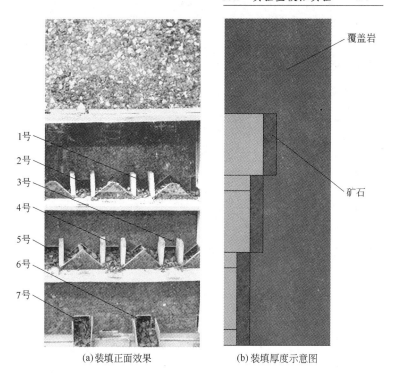

(a)装填正面效果   (b)装填厚度示意图

图 5 - 5 模型装填效果

(a)

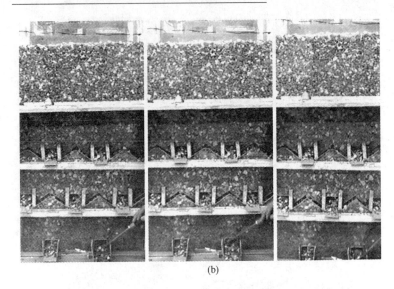

(b)

图 5 - 6　挑檐结构第 6 号放矿口不同时段放矿过程情况

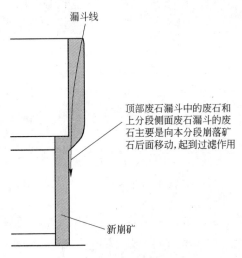

漏斗线

顶部废石漏斗中的废石和
上分段侧面废石漏斗的废
石主要是向本分段崩落矿
石后面移动,起到过滤作用

新崩矿

图 5 - 7　过滤作用示意图

　　由图 5 - 5 可以看出,本次实验可以与前面介绍的传统放矿
方法实验相比,结构参数完全相同。本实验的 6 号放矿口与前章
传统放矿方法实验的 4 号放矿口的放矿数据具有可比性,下面列

出本实验 6 号放矿口的放矿量统计，如表 5 - 1 所示。

表 5 - 1　放矿量统计

序号	矿/g	岩/g	砂/g	岩合计/g	矿岩合计/g	当次贫化率/%	累计矿岩/g	累计矿/g	累计贫化率/%	累计岩/g
1	590	0	0	0	590	0.00	590	590	0.00	0
2	675.5	0	0	0	675.5	0.00	1265.5	1265.5	0.00	0
3	660	0	3	3	663	0.45	1928.5	1925.5	0.16	3
4	662.5	18.9	5.3	24.2	686.7	3.52	2615.2	2588	1.04	27.2
5	588.1	37.3	8.2	45.5	633.6	7.18	3248.8	3176.1	2.24	72.7
6	468.3	59.4	13.7	73.1	541.4	13.50	3790.2	3644.4	3.85	145.8
7	374.4	101.3	23.2	124.5	498.9	24.95	4289.1	4018.8	6.30	270.3
8	332.4	210.6	35	245.6	578	42.49	4867.1	4351.2	10.60	515.9
9	158.8	231.3	40	271.3	430.1	63.08	5297.2	4510	14.86	787.2
10	123.3	349.1	56	405.1	528.4	76.67	5825.6	4633.3	20.47	1192.3
11	131.1	778.7	83	861.7	992.8	86.79	6818.4	4764.4	30.12	2054
12	166.9	1852.3	124	1976.3	2143.2	92.21	8961.6	4931.3	44.97	4030.3

　　将本实验 6 号放矿口数据与前章实验 4 号放矿口的数据绘成图，如图 5 - 8 所示。图 5 - 8 中实线为挑檐结构 6 号放矿口线，虚线为传统放矿方法 4 号放矿口线。

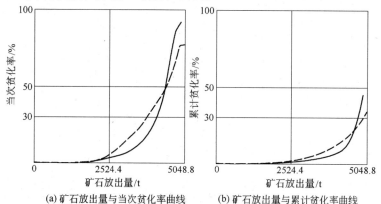

(a) 矿石放出量与当次贫化率曲线　　(b) 矿石放出量与累计贫化率曲线

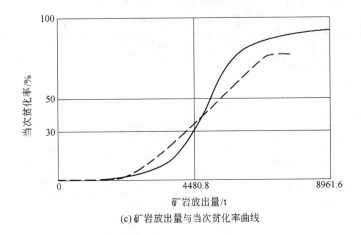

(c)矿岩放出量与当次贫化率曲线

图 5 - 8　挑檐结构与传统放矿方法放矿效果比较

为了更清晰地进行比较，我们将图 5 - 8（a）、（b）曲线放在同一个图中进行比较，得到挑檐结构与传统放矿方法矿石放出量与贫化率关系对比曲线，如图 5 - 9 所示。图 5 - 9 中 1、2 分别为传统放矿方法当次贫化率和累计贫化率曲线，3、4 分别为挑檐结构方法当次贫化率和累计贫化率曲线。

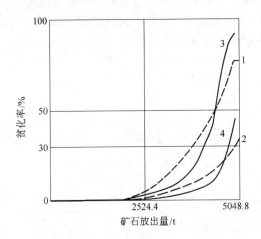

图 5 - 9　挑檐结构与传统放矿方法贫化率对比曲线

由图 5 - 9 可以看出，挑檐结构方法曲线前期走势比传统放矿方法缓，后期较早变陡，说明挑檐结构方案前期贫化率较低，废石混入较少，后期该放出的矿石大多已经放出；传统放矿方法后期较缓，说明前期没放出的矿石必须在后期逐渐放出，后期混杂时间长，贫化严重。

5.3 工 业 试 验

在弓长岭井下矿负 280 + 48m 段 4 - 5 穿进行了工业试验，图 5 - 10 所示为现场放矿口拍摄的效果，图中光照位置有条沟，表示此位置为下分段端壁位置，挑檐距离为 3m。

图 5 - 10　挑檐结构现场拍摄图

为了获得放矿过程完整曲线，放矿试验不采用截止品位方法，一直放到全岩石情况（贫化率 90% 以上），混岩率采用拉网方法测定，表 5 - 2 为试验放矿量统计表。

表 5-2　放矿量统计表

序号	出矿斗数	混岩率/%	放矿量/t	总量/t	矿石量/t
1	5	0	50.00	50.00	50
2	5	0	50.00	100.00	50
3	5	0	50.00	150.00	50
4	5	0	50.00	200.00	50
5	5	0	50.00	250.00	50
6	5	0	50.00	300.00	50
7	5	0	50.00	350.00	50
8	5	1	50.00	400.00	49.5
9	5	3	50.00	450.00	48.5
10	5	2	50.00	500.00	49
11	5	2	50.00	550.00	49
12	5	5	50.00	600.00	47.5
13	5	5	50.00	650.00	47.5
15	5	10	50.00	700.00	45
16	5	10	50.00	750.00	45
17	5	20	50.00	800.00	40
18	5	20	50.00	850.00	40
19	5	30	50.00	900.00	35
20	5	35	50.00	950.00	32.5
21	5	40	50.00	1000.00	30
22	5	50	50.00	1050.00	25
23	5	60	50.00	1100.00	20
24	5	70	50.00	1150.00	15
25	5	75	50.00	1200.00	12.5
26	5	80	50.00	1250.00	10
27	5	80	50.00	1300.00	10
28	5	85	50.00	1350.00	7.5
29	5	85	50.00	1400.00	7.5
30	5	85	50.00	1450.00	7.5
31	5	90	50.00	1500.00	5

将挑檐结构的表 5 - 2 与传统放矿方法的表 4 - 3 数据汇成曲
线，可以清晰看出挑檐结构的效果，如图 5 - 11 所示，图中实线
为挑檐结构方法曲线，虚线为传统放矿方法曲线。

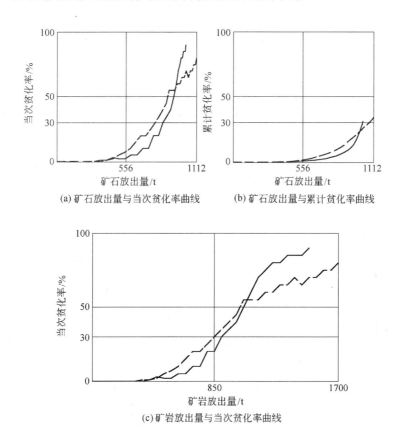

(a) 矿石放出量与当次贫化率曲线　　(b) 矿石放出量与累计贫化率曲线

(c) 矿岩放出量与当次贫化率曲线

图 5 - 11　挑檐结构与传统放矿方法效果对比

将图 5 - 11（a）、（b）两个曲线放在同一个图中进行比较，
得到传统放矿方法与挑檐结构方法矿石放出量与贫化率的比较曲
线，如图 5 - 12 所示。图中曲线 1、2 分别为传统放矿方法当次
贫化率和累计贫化率曲线，曲线 3、4 分别为挑檐结构方法当次
贫化率和累计贫化率曲线。

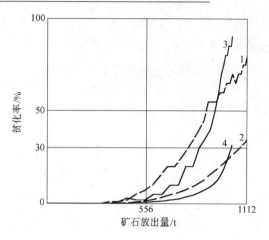

图 5 - 12   传统放矿方法与挑檐结构方法矿石
放出量与贫化率的比较曲线

6 结 束 语

损失贫化大是端部放矿的突出问题,作者长期从事无底柱分段崩落法的研究,从控制废石流动方面着手研究,系统研究了端部放矿废石移动规律,并提出控制废石流动的方法,经过大量实验和试验,取得一定的效果,初步得到以下结论:

(1)通过实验和理论分析,由于上分段废石漏斗的形成,菱形布置的端部放矿方法覆盖岩层呈拱形,下分段的放矿都在这种拱形覆盖层下进行放矿,这种拱形覆盖层对放矿影响很大。国内外缺乏对拱形覆盖层下放矿的深入研究。

(2)拱形覆盖层下放矿,实验发现一种侧面漏斗新现象。侧面漏斗的存在加速了矿石的贫化。

(3)废石漏斗的形成过程是由顶部、两个侧面、正面4个小漏斗逐渐向中间汇集形成的,某个小漏斗提前到达放出口,将提前产生贫化,并很快达到截止品位,影响崩落矿石的放出效果。各小漏斗同时到达放出口的时间,与结构参数有关,以"顶部、两个侧面、正面4个小漏斗同时到达放出口"作为采场结构参数优化依据,可得到采场最佳结构参数,可操作性强,容易实现。

(4)阻止废石漏斗中废石流动的控制点为废石漏斗底部,并与废石漏斗底部同宽。

(5)人工假顶方案是在不改变原无底柱分段崩落法的基础上,在回采巷道底部铺设。人工假顶与回采巷道同宽,铺设范围小,施工简单。人工假顶可以将崩落矿石与其上部中心区域的覆盖岩石隔离开,放矿过程尽管也出现侧漏现象,但混杂少,矿岩界面清晰,能有效地阻止废石的流动,从而减少矿石贫化,提高矿石回采率。

（6）挑檐结构无底柱阶段崩落法起到隔离矿岩的作用，放矿过程中不出现侧漏现象，减少矿石贫化，提高矿石回采率，适用于矿石稳固性较好的矿山。

（7）人工假顶方案和挑檐结构方案对顶部废石和侧面废石都有很好的控制作用，但并不能对正面废石进行有效控制。正面废石的控制有待进一步研究。

参考文献

[1] 赵庆和. 崩落采场放矿研究的现状与展望 [J]. 云南冶金, 2002, 31 (3): 9~14.

[2] 范雪强. 采矿科技的发展方向 [J]. 有色金属工业, 2005, 12: 66~67.

[3] 陶干强, 杨仕教, 任凤玉. 崩落矿岩散粒体流动性能试验研究 [J]. 岩土力学, 2009, 30 (10): 2950~2954.

[4] 杨鹏, 李卓伟, 童光煦. 崩落采矿法放矿问题的研究现状 [J]. 昆明工学院学报, 1992, 17 (6): 78~83.

[5] 安宏, 胡杏保. 无底柱分段崩落法应用现状 [J]. 矿业快报, 2005, 9: 6~9.

[6] 郑成英, 等. 崩落采矿法放矿的理论与实践研究 [J]. 有色矿冶, 2009, 25 (4): 15~19.

[7] 王培涛, 杨天鸿, 柳小波. 边孔角对无底柱分段崩落法放矿影响的颗粒流数值模拟研究 [J]. 金属矿山, 2010, 3: 12~16.

[8] 王昌汉. 放矿力学. 中南工学院学报, 1995, 9 (1): 53~61.

[9] 王述红. 低贫损开采模式: 降低无底柱分段崩落法矿石贫损的有效途径 [J]. 有色矿冶, 1998, 3: 1~4.

[10] 吴爱祥. 非对称采场无底柱分段崩落法 [J]. 江西有色金属, 1994, 8 (1): 5~8.

[11] 刘兴国, 张志贵. 无底柱分段崩落法不贫化放矿理论基础 (一) [J]. 金属矿山, 1995, 10: 5~9.

[12] 吴爱祥, 等. 崩落矿岩散粒体流动规律研究 [J]. 金属矿山, 2006, 5: 4~45.

[13] 李昌宁. 考虑崩落矿岩非均匀度的低贫化放矿方式 [J]. 中国矿业大学学报, 2002, 11 (3): 302~305.

[14] 樊继平, 王斐. 梅山铁矿铌矿成因及危害防治 [J]. 金属矿山, 2003, 1: 13~15.

[15] 刘国栋. 覆岩下底部放矿的理论与生产实践综述 [J]. 有色矿山, 1993, 6: 25~28.

[16] 张志贵, 刘兴国. 论无底柱分段崩落法放矿规律——对端部出矿规律的新认识 [J]. 化工矿山技术, 1995, 24 (2): 10~14.

[17] 张维滨. 岩金开采无底柱崩落采矿法的几个关键技术探讨 [J]. 现代矿业, 2010, 5: 18~22.

[18] 张军, 等. 某金室内放矿试验研究 [J]. 甘肃冶金, 2007, 29 (2): 37~39.

[19] 马玉亮, 张志贵. 放矿过程中岩石混入与输出矿石块矿率的关系研究 [J]. 中国矿业, 1997, 6 (2): 28~32.

[20] 李昌宁, 王家宝, 任凤玉. 低贫化放矿与放出矿石块矿率的关系 [J]. 矿业研

究与开发, 1999, 19 (4): 5~29.

[21] 乔登攀, 汪亮, 张宗生. 无底柱分段崩落法采场结构参数确定方法研究 [J]. 采矿技术, 2006, 6 (3): 233~253.

[22] 吴爱祥, 古德生, 戴兴国. 含水量对散体流动性的影响 [J]. 中南矿冶学院学报, 1994, 25 (4): 455~459.

[23] 戴兴国, 古德生. 防止溜放黏结性矿料时产生稳定黏结拱管状流动措施的研究 [J]. 矿冶工程, 1992, 12 (2): 5~9.

[24] 赵尔丞. 含水量对矿石流动性影响试验研究 [J]. 甘肃科技, 2009, 25 (21): 45~58.

[25] 乔登攀, 等. 崩落法矿山含矿覆盖层回收研究 [J]. 中国矿业, 2003, 12 (5): 35~38.

[26] 宋洪勇, 明世祥, 张志军. 放矿步距与端部放矿放出体的合理匹配关系研究 [J]. 采矿技术, 2007, 7 (4): 5~12.

[27] 张宗生, 乔登攀. 端部放矿随机介质理论方程 [J]. 采矿技术, 2006, 6 (3): 237~253.

[28] 刘兴国, 原丕业. 沿走向布置进路的无底柱分段崩落法不贫化放矿 [J]. 有色矿山, 1992, 6: 6~12.

[29] 余健, 杨正松. 端部放矿贫化损失的预测研究 [J]. 金属矿山, 2009, 10: 70~103.

[30] 刘兴国, 张志贵. 无底柱分段崩落法低贫化放矿研究 [J]. 金属矿山, 1991, 7: 20~52.

[31] 孙文武, 杨志芳. 对影响覆岩下底部放矿损失贫化因素的分析 [J]. 黄金, 2007, 28 (12): 30~32.

[32] 乔国刚, 等. 露天转地下开采覆盖层厚度的影响因素分析 [J]. 金属矿山, 2008, 4: 34~36.

[33] 王述红, 等. 崩落采矿法覆盖层合理保有厚度的探讨 [J]. 东北大学学报 (自然科学版), 1998, 19 (5): 459~461.

[34] 马建军, 等. 放矿中黄土覆盖层运动规律的模型试验 [J]. 有色金属, 2004, 56 (3): 98~101.

[35] 余健, 汪德文. 高分段大间距无底柱分段崩落采矿新技术 [J]. 金属矿山, 2008, 3: 26~31.

[36] 陈清运, 何玉早. 中小型矿山无底柱分段崩落法结构参数优化 [J]. 金属矿山, 2005, 1: 23~38.

[37] 李德忠. 低贫损开采模式在深部铜矿的应用 [J]. 甘肃冶金, 2009, 31 (1): 29~52.

［38］刘兴国，张国联，柳小波．无底柱分段崩落法矿石损失贫化分析［J］．金属矿山，2006，1：53～60.

［39］朱卫东，原丕业，鞠玉忠．无底柱分段崩落法结构参数优化主要途径［J］．金属矿山，2000，9：12～16.

［40］孙光华，吕广忠．我国无底柱分段崩落法的发展方向［J］．河北理工学院学报，2007，29（2）：4～6.

［41］李胜辉，秦利斌，孙光华．采场结构参数对矿石损失贫化的影响分析［J］．矿业工程，2009，7（2）：20～22.

［42］陈敏，郑伟强．无底柱分段崩落采矿法的损失、贫化问题探讨［J］．南方金属，2007，4：27～29.

［43］范庆霞．梅山铁矿 15m×20m 采场条件下崩矿步距的探讨［J］．梅山科技，2007，1：43～46.

［44］Douglas C P. Physical Modeling of the Drawbehavior of Broken Rockin Caving［J］. Colorado School of Mine Squarterly，1984，79（3）：72～78.

［44］柳小波，等．步距与岩石混入率关系的计算机模拟研究［J］．金属矿山，2004，8：22～24.

［45］乔登攀，周宗红，马正位．无底柱分段崩落法端部放矿口的影响机理研究［J］．中国矿业，2007，16（11）：59～62.

［46］周志华，叶洲元，马建军．放矿中黄土覆盖层运动规律的数值模拟［J］．中国矿业，2005，14（1）：81～83.

［47］曾澄智，李兰亭．漏斗放矿无底柱分段崩落法初探［J］．工程设计与研究，1991，3：5～8.

［48］唐玉柱．矿石残留体对无底柱分段崩落法放矿效果的影响［J］．有色矿冶，2001，17（5）：1～4.

［49］张国联，邱景平，宋守志．对鲁中冶金矿山公司小官庄铁矿放矿截止品位的分析［J］．有色矿冶，2003，19（5）：4～6.

［50］杨才亮，马建军．不同放矿截止品位间关系的研究［J］．矿业研究与开发，2005，25（3）：15～46.

［51］徐志强．神经网络在低贫化放矿中实时优化预测［J］．矿业快报，2004，4：9～22.

［52］刘兴国，张志贵．无底柱分段崩落法不贫化放矿［J］．东北大学学报（自然科学版），1998，19（5）：448～451.

［53］朱永生．云锡三大矿种放矿性能综述［J］．昆明冶金高等专科学校学报，1996，12（12）：12～15.

［54］周志华，等．黄土覆盖层在放矿中运动规律的实验模型［J］．有色金属（矿山

部分), 2003, 55 (4): 16~18.

[55] 吴国柱. 金属软假顶无底柱分段崩落法的应用 [J]. 云南冶金, 1988, 5: 12~13.

[56] 王昌汉. 放矿学 [M]. 北京: 冶金工业出版社, 1982: 39~110.

冶金工业出版社部分图书推荐

书　　名	作　　者	定价(元)
中国冶金百科全书·采矿卷	本书编委会　编	180.00
现代金属矿床开采科学技术	古德生　等著	260.00
我国金属矿山安全与环境科技发展前瞻研究	古德生　等著	45.00
爆破手册	汪旭光　主编	180.00
采矿工程师手册（上、下册）	于润沧　主编	395.00
现代采矿手册（上、中、下册）	王运敏　主编	1000.00
深井硬岩大规模开采理论与技术	李冬青　等著	139.00
地下金属矿山灾害防治技术	宋卫东　等著	75.00
复杂开采条件下冲击地压及其防治技术	孙学会　著	35.00
地下矿山开采设计技术	甘德清　著	36.00
倾斜中厚矿体损失贫化控制理论与实践	周宗红　著	23.00
采空区处理的理论与实践	李俊平　等著	29.00
矿产资源开发利用与规划（本科教材）	邢立亭　等编	40.00
地质学（第4版）（国规教材）	徐九华　主编	40.00
矿山岩石力学（本科教材）	李俊平　主编	49.00
采矿学（第2版）（国规教材）	王　青　主编	58.00
金属矿床地下开采（第2版）（本科教材）	解世俊　主编	33.00
金属矿床露天开采（本科教材）	陈晓青　主编	28.00
高等硬岩采矿学（第2版）（本科教材）	杨　鹏　编著	32.00
矿山充填力学基础（第2版）（本科教材）	蔡嗣经　编著	30.00
现代充填理论与技术（本科教材）	蔡嗣经　等编	25.00
矿山安全工程（国规教材）	陈宝智　主编	30.00
矿井通风与除尘（本科教材）	浑宝炬　等编	25.00